Nieves Álamo

José Luis Flores

GEOMETRÍA AFÍN Y EUCLÍDEA

Con 21 figuras

Nieves Álamo y José Luis Flores
Departamento de Álgebra, Geometría y Topología
Facultad de Ciencias
Universidad de Málaga
España

ISBN-13: 9781502512055
ISBN-10: 150251205X

Prólogo

La Geometría Afín y Euclídea, incluida con frecuencia en la materia Álgebra Lineal y Geometría, forma parte de los conocimientos básicos que deben adquirir los estudiantes de grado en Matemáticas, Física, Ingeniería o Arquitectura. El temario que aquí se expone se divide en tres grandes bloques: Espacios Vectoriales Euclídeos, Espacios Afines y Espacios Afines Euclídeos. Se presupone, por tanto, que los alumnos tienen conocimientos previos sobre espacios vectoriales.

El contenido de este libro, que corresponde a una asignatura impartida por los autores durante los últimos cuatro cursos en la Facultad de Ciencias de la Universidad de Málaga, ha sido escrito con la intención de facilitar a los alumnos un aprendizaje autónomo. La exposición, con el rigor propio de la materia, trata de imitar las clases presenciales, motivando los conceptos, razonando paso a paso las deducciones teóricas y aportando numerosos ejemplos aclaratorios, muchos de ellos originados por las preguntas planteadas en las clases por los propios alumnos.

Además de los ejemplos que se desarrollan con detalle a lo largo de todo el texto, se ha incluido al final de cada capítulo una colección de ejercicios cuya realización permitirá al lector familiarizarse con los conceptos teóricos, manejar en casos concretos los resultados obtenidos, así como desarrollar su capacidad de relacionar ideas para obtener un método de solución.

Estas notas se han basado en numerosas fuentes: desde la experiencia docente de los autores y de otros compañeros del Departamento de Álgebra, Geometría y Topología de la Universidad de Málaga, hasta los numerosos textos consultados. En la bibliografía incluimos tres de esos textos que, por su interés y accesibilidad, pueden ayudar al alumno a complementar estas notas.

Málaga, octubre de 2014.

Índice general

Índice de figuras

Índice de cuadros

Capítulo 1

Espacios Vectoriales Euclídeos

En un espacio vectorial tenemos definidas dos operaciones: la suma de vectores y el producto de un vector por un escalar. Ahora vamos a introducir una nueva operación que llamaremos *producto escalar*, que asigna a cada par de vectores un escalar. Esta nueva operación nos permitirá hablar de longitud de un vector, de ángulo entre vectores, de ortogonalidad entre vectores o subespacios, de bases ortonormales, etc.

1.1. Definiciones y ejemplos

Definición 1.1.1. *Sea V un espacio vectorial real. Un **producto escalar sobre** V (o **métrica**) es una aplicación $g \colon V \times V \to \mathbb{R}$ bilineal, simétrica y definida positiva, o sea, tal que verifica las siguientes propiedades:*

(i) $g(u, v) = g(v, u)$,

(ii) $g(\lambda u + \mu v, w) = \lambda g(u, w) + \mu g(v, w)$,

(iii) $g(u, u) \geq 0$, y $g(u, u) = 0 \Leftrightarrow u = 0$,

para cualesquiera $u, v, w \in V$, $\lambda, \mu \in \mathbb{R}$.

A menudo, en vez de denotar un producto escalar con la letra g, utilizaremos unos corchetes $\langle \ , \ \rangle$ o un punto en medio de los vectores. Así, el producto escalar de dos vectores u y v se puede denotar por $g(u, v)$, $\langle u, v \rangle$, o $u \cdot v$.

Al par (V, g) le llamaremos **espacio vectorial euclídeo**. Nótese que un mismo espacio vectorial dotado de distintos productos escalares proporciona distintos espacios vectoriales euclídeos.

Ejemplos 1.1.2. *Es fácil comprobar que los siguientes son ejemplos de espacios vectoriales euclídeos:*

(a) $(\mathbb{R}^n, \langle \ , \ \rangle)$, donde $\langle (x_1, \ldots, x_n), (y_1, \ldots, y_n) \rangle = x_1 y_1 + \cdots + x_n y_n$, es decir, $\langle \ , \ \rangle$ es el producto escalar usual.

(b) $(\mathbb{R}^2, \langle\ ,\ \rangle)$, *donde* $\langle(x_1, x_2), (y_1, y_2)\rangle = 3x_1y_1 - x_1y_2 - x_2y_1 + 2x_2y_2$.

(c) $(\mathcal{P}_n(\mathbb{R}), \langle\ ,\ \rangle)$, *donde* $\mathcal{P}_n(\mathbb{R})$ *denota el espacio vectorial de los polinomios en la indeterminada* x *con coeficientes reales, de grado menor o igual que* n, *y*

$$\langle p(x), q(x)\rangle = \int_0^1 p(x)q(x)dx, \quad \forall p(x), q(x) \in \mathcal{P}_n(\mathbb{R}).$$

Más generalmente, para cada $a, b \in \mathbb{R}$, *con* $a < b$, *se puede considerar en* $\mathcal{P}_n(\mathbb{R})$ *el producto escalar*

$$g_{a,b}(p(x), q(x)) = \int_a^b p(x)q(x)dx.$$

(d) $(\mathcal{C}([0,1]), \langle\ ,\ \rangle)$ *donde* $\mathcal{C}([0,1])$ *es el espacio vectorial de las funciones continuas del intervalo cerrado* $[0,1]$ *en* $\mathbb{R}$ *y*

$$\langle f, g\rangle = \int_0^1 f(x)g(x)dx, \quad \forall f, g \in \mathcal{C}([0,1]).$$

$(\mathcal{C}([0,1]), \langle\ ,\ \rangle)$ *es un ejemplo de un espacio vectorial euclídeo de dimensión infinita.*

(e) $(\mathcal{M}_n(\mathbb{R}), \langle\ ,\ \rangle)$, *donde* $\mathcal{M}_n(\mathbb{R})$ *denota el espacio vectorial de las matrices reales cuadradas de orden* n, *y*

$$\langle A, B\rangle = \text{traza}(AB^t) = \sum_{i,j=1}^n a_{ij}b_{ij},$$

para $A = (a_{ij})$ *y* $B = (b_{ij})$. *Por ejemplo, para* $n=2$,

$$\left\langle \begin{pmatrix} a_{11} & a_{12} \\ a_{21} & a_{22} \end{pmatrix}, \begin{pmatrix} b_{11} & b_{12} \\ b_{21} & b_{22} \end{pmatrix} \right\rangle = a_{11}b_{11} + a_{12}b_{12} + a_{21}b_{21} + a_{22}b_{22}.$$

1.2. Expresión matricial de un producto escalar

Matriz de Gram de un producto escalar respecto de una base

A partir de ahora sólo consideraremos espacios vectoriales euclídeos de dimensión finita.

Si (V, g) es un espacio vectorial euclídeo de dimensión n y $\mathcal{B} = \{u_1, \ldots, u_n\}$ es una base de V, la matriz asociada a la forma bilineal g respecto de la base $\mathcal{B}$ está dada por

$$A = \begin{pmatrix} a_{11} & a_{12} & \cdots & a_{1n} \\ a_{21} & a_{22} & \cdots & a_{2n} \\ \vdots & \vdots & & \vdots \\ a_{n1} & a_{n2} & \cdots & a_{nn} \end{pmatrix}$$

donde $a_{ij} = g(u_i, u_j)$, para $i, j = 1, \ldots, n$. A esta matriz la llamaremos **matriz de Gram** del producto escalar g (o **matriz de la métrica** g) respecto de la base $\mathcal{B}$.

Obsérvese que, puesto que la forma bilineal g es simétrica, su matriz de Gram respecto de cualquier base es siempre simétrica, o sea:

$$a_{ij} = a_{ji}, \quad \forall i, j = 1, \ldots, n.$$

Conocida la matriz de Gram $A = (a_{ij})$ con respecto a una base $\mathcal{B} = \{u_1, \ldots, u_n\}$, de un producto escalar g, podemos calcular el producto escalar de dos vectores $x = (x_1, \ldots, x_n)_{\mathcal{B}}$ e $y = (y_1, \ldots, y_n)_{\mathcal{B}}$ de la siguiente manera:

$$g(x, y) = g\left(\sum_{i=1}^{n} x_i u_i, \sum_{j=1}^{n} y_j u_j\right) = \sum_{i,j=1}^{n} x_i y_j g(u_i, u_j) = \sum_{i,j=1}^{n} a_{ij} x_i y_j.$$

Matricialmente:

$$g(x, y) = (x_1 \; x_2 \ldots x_n) \begin{pmatrix} a_{11} & a_{12} & \cdots & a_{1n} \\ a_{21} & a_{22} & \cdots & a_{2n} \\ \vdots & \vdots & & \vdots \\ a_{n1} & a_{n2} & \cdots & a_{nn} \end{pmatrix} \begin{pmatrix} y_1 \\ y_2 \\ \vdots \\ y_n \end{pmatrix} = X^t A Y, \qquad (1.1)$$

donde hemos denotado $X = \begin{pmatrix} x_1 \\ x_2 \\ \vdots \\ x_n \end{pmatrix}$, $Y = \begin{pmatrix} y_1 \\ y_2 \\ \vdots \\ y_n \end{pmatrix}$.

Ejemplos 1.2.1.

(a) *En* $\mathbb{R}^3$, *la matriz de Gram del producto escalar usual respecto de la base canónica* $\mathcal{B} = \{(1,0,0), (0,1,0), (0,0,1)\}$ *es la matriz identidad*

$$A = \begin{pmatrix} 1 & 0 & 0 \\ 0 & 1 & 0 \\ 0 & 0 & 1 \end{pmatrix}.$$

Sin embargo, la matriz de Gram de este mismo producto escalar, respecto de la base $\mathcal{B}' = \{(1,1,0), (1,-1,0), (0,1,1)\}$, *sería*

$$A' = \begin{pmatrix} 2 & 0 & 1 \\ 0 & 2 & -1 \\ 1 & -1 & 2 \end{pmatrix}.$$

El producto escalar de los vectores (expresados en la base canónica) $v = (1, 2, 1)$ y $w = (1, 0, 1)$ es $\langle v, w \rangle = 1 \cdot 1 + 2 \cdot 0 + 1 \cdot 1 = 2$.

Pero si queremos usar la matriz de Gram A' asociada a la base $\mathcal{B}'$, hemos de expresar los vectores v y w en la base $\mathcal{B}'$. Obsérvese que $v = (1, 1, 0) + (0, 1, 1)$, y $w = (1, -1, 0) + (0, 1, 1)$. Por tanto $v = (1, 0, 1)_{\mathcal{B}'}$ y $w = (0, 1, 1)_{\mathcal{B}'}$. Ahora, usando la matriz A', tenemos:

$$\langle v, w \rangle = \begin{pmatrix} 1 & 0 & 1 \end{pmatrix} \begin{pmatrix} 2 & 0 & 1 \\ 0 & 2 & -1 \\ 1 & -1 & 2 \end{pmatrix} \begin{pmatrix} 0 \\ 1 \\ 1 \end{pmatrix} = 2.$$

(b) En $\mathbb{R}^2$ con respecto a la base canónica $\mathcal{B} = \{(1, 0), (0, 1)\}$ la matriz de Gram del producto escalar g del ejemplo 1.1.2(b) sería:

$$\begin{pmatrix} 3 & -1 \\ -1 & 2 \end{pmatrix}.$$

Entonces, el producto escalar de los vectores $(-2, 2)$ y $(0, -3)$ según dicho producto escalar sería:

$$\begin{pmatrix} -2 & 2 \end{pmatrix} \begin{pmatrix} 3 & -1 \\ -1 & 2 \end{pmatrix} \begin{pmatrix} 0 \\ -3 \end{pmatrix} = -18.$$

(c) Sea $(\mathcal{P}_2(\mathbb{R}), \langle \, , \, \rangle)$, el espacio vectorial euclídeo de los polinomios en la indeterminada x con coeficientes reales, de grado menor o igual que 2, con el producto escalar

$$\langle p(x), q(x) \rangle = \int_0^1 p(x)q(x)dx.$$

Con respecto a la base $\{1, x, x^2\}$ de $\mathcal{P}_2(\mathbb{R})$, la matriz de Gram sería:

$$A = \begin{pmatrix} 1 & 1/2 & 1/3 \\ 1/2 & 1/3 & 1/4 \\ 1/3 & 1/4 & 1/5 \end{pmatrix}.$$

El producto escalar de los polinomios $p(x) = 1 - 2x$ y $q(x) = 2x - 3x^2$ sería

$$\langle p(x), q(x) \rangle = \begin{pmatrix} 1 & -2 & 0 \end{pmatrix} \begin{pmatrix} 1 & 1/2 & 1/3 \\ 1/2 & 1/3 & 1/4 \\ 1/3 & 1/4 & 1/5 \end{pmatrix} \begin{pmatrix} 0 \\ 2 \\ -3 \end{pmatrix} = \frac{1}{6}.$$

Caracterización de las matrices de Gram

El *Criterio de Sylvester* establece una condición necesaria y suficiente para saber si una matriz simétrica es la matriz de Gram de algún producto escalar con respecto a una determinada base (véase [MS], pag. 286).

Proposición 1.2.2. (Criterio de Sylvester). *Sea* $A = (a_{ij})$ *la matriz asociada a una forma bilineal simétrica* g *con respecto a una base fijada* $\mathcal{B}$ *de un espacio vectorial real* V *de dimensión finita. Entonces*

$$g \text{ es definida positiva} \iff |A_k| > 0, \ \forall \, k = 1, \ldots, n,$$

donde $|A_k|$ *es el menor principal de orden* k*, o sea,* $|A_k|$ *es el determinante de la matriz*

$$A_k = \begin{pmatrix} a_{11} & \cdots & a_{1k} \\ \vdots & & \vdots \\ a_{k1} & \cdots & a_{kk} \end{pmatrix}.$$

Ejemplos 1.2.3. *Estudiemos si las matrices simétricas siguientes determinan un producto escalar en* $\mathbb{R}^3$ *con respecto a una base dada:*

$$A = \begin{pmatrix} 1 & -1 & 0 \\ -1 & 2 & 1 \\ 0 & 1 & 2 \end{pmatrix}, \quad B = \begin{pmatrix} 1 & -1 & 0 \\ -1 & 2 & 1 \\ 0 & 1 & 1 \end{pmatrix}, \quad C = \begin{pmatrix} 1 & -1 & 0 \\ -1 & 2 & 1 \\ 0 & 1 & 0 \end{pmatrix}.$$

(a) *Para la matriz* A *calculamos los menores principales y observamos que* $|A_1| = 1 > 0$*,* $|A_2| = 1 > 0$ *y* $|A_3| = 1 > 0$*. Luego* A *sí es la matriz de Gram de un producto escalar* g *con respecto a la base dada.*

(b) B *no puede ser la matriz de Gram de un producto escalar ya que* $|B_3| = 0$*.*

(c) *Obsérvese que en la matriz de Gram de un producto escalar* g *respecto de una base* $\mathcal{B} = \{u_1, \ldots, u_n\}$ *todos los términos de la diagonal han de ser positivos, ya que* $g(u_i, u_i) > 0$ *para todo* $i = 1, \ldots, n$*. Por tanto en la matriz* C *no hace falta calcular los menores principales, ya que al ser* $c_{33} = 0$ *se deduce inmediatamente que* C *no es matriz de Gram de ningún producto escalar.*

Matrices de Gram, cambios de base y congruencia de matrices

Si (V, g) es un espacio vectorial euclídeo de dimensión n y consideramos dos bases de V, $\mathcal{B}$ y $\mathcal{B}'$, tendremos las matrices de Gram de g, A y A' respecto de las bases $\mathcal{B}$ y $\mathcal{B}'$, respectivamente. La cuestión que nos planteamos es qué relación existe entre las matrices A y A'. La respuesta es que son matrices **congruentes**. Recordemos que dos matrices A y A' son congruentes si existe una matriz regular P verificando la igualdad

$$\boxed{A' = P^t A P.} \tag{1.2}$$

En nuestro caso, si llamamos P a la matriz (regular) del cambio de base de $\mathcal{B}'$ a $\mathcal{B}$, es decir, que la ecuación del cambio de base es $X = PX'$, entonces tenemos:

$$g(x, y) = X^t AY = (PX')^t A(PY') = (X')^t (P^t AP)Y',$$

de donde se deduce que $A' = P^t AP$. Podemos, pues, enunciar que:

Proposición 1.2.4. *Las matrices de Gram de un producto escalar respecto de distintas bases son congruentes.*

Ejemplos 1.2.5.

(a) *En* $\mathbb{R}^3$ *se considera el producto escalar usual. Si* $\mathcal{B}$ *es la base canónica y* $\mathcal{B}' = \{(1, 1, 0,), (1, -1, 0), (0, 1, 1)\}$, *las matrices de Gram* A *y* A' *correspondientes a estas bases son, respectivamente, las matrices*

$$A = I = \begin{pmatrix} 1 & 0 & 0 \\ 0 & 1 & 0 \\ 0 & 0 & 1 \end{pmatrix} \quad y \quad A' = \begin{pmatrix} 2 & 0 & 1 \\ 0 & 2 & -1 \\ 1 & -1 & 2 \end{pmatrix},$$

como vimos en el ejemplo (a) de 1.2.1. Como la matriz del cambio de base de $\mathcal{B}'$ *a* $\mathcal{B}$ *es*

$$P = \begin{pmatrix} 1 & 1 & 0 \\ 1 & -1 & 1 \\ 0 & 0 & 1 \end{pmatrix},$$

comprobamos que:

$$P^t AP = P^t P = \begin{pmatrix} 1 & 1 & 0 \\ 1 & -1 & 0 \\ 0 & 1 & 1 \end{pmatrix} \begin{pmatrix} 1 & 1 & 0 \\ 1 & -1 & 1 \\ 0 & 0 & 1 \end{pmatrix} = \begin{pmatrix} 2 & 0 & 1 \\ 0 & 2 & -1 \\ 1 & -1 & 2 \end{pmatrix} = A'.$$

(b) *En* $(\mathcal{P}_2(\mathbb{R}), \langle \, , \, \rangle)$, *con respecto a la base* $\{1, x, x^2\}$, *la matriz de Gram es (ejemplo 1.2.1 (c)):*

$$A = \begin{pmatrix} 1 & 1/2 & 1/3 \\ 1/2 & 1/3 & 1/4 \\ 1/3 & 1/4 & 1/5 \end{pmatrix}.$$

Si ahora consideramos la base $\mathcal{B}' = \{1, 1 - 2x, 2x - 3x^2\}$ *la matriz de Gram correspondiente sería:*

$$A' = P^t AP = \begin{pmatrix} 1 & 0 & 0 \\ 1 & -2 & 0 \\ 0 & 2 & -3 \end{pmatrix} \begin{pmatrix} 1 & 1/2 & 1/3 \\ 1/2 & 1/3 & 1/4 \\ 1/3 & 1/4 & 1/5 \end{pmatrix} \begin{pmatrix} 1 & 1 & 0 \\ 0 & -2 & 2 \\ 0 & 0 & -3 \end{pmatrix}$$

$$= \begin{pmatrix} 1 & 0 & 0 \\ 0 & 1/3 & 1/6 \\ 0 & 1/6 & 2/15 \end{pmatrix}.$$

1.3. Porqué introducir un producto escalar

Como comentamos al principio del capítulo, nuestro objetivo al introducir un producto escalar en un espacio vectorial es poder medir longitudes de vectores, ángulo entre dos vectores, hablar de ortogonalidad entre vectores, de bases ortonormales, de proyección ortogonal sobre un subespacio, etc.

Norma de un vector

Sea $(V, \langle\ ,\ \rangle)$ un espacio vectorial euclídeo. Se define la **norma** (o **longitud**, o **módulo**) de un vector $u \in V$ como:

$$\|u\| = \sqrt{\langle u, u \rangle}.$$

Obsérvese que $\langle u, u \rangle \geq 0$, por lo que tiene sentido calcular su raíz cuadrada. La norma satisface las siguientes propiedades:

Propiedades 1.3.1. *Para todo* $\lambda \in \mathbb{R}$, $u, v \in V$ *se cumple:*

(1) $\|u\| \geq 0$ *y* $\|u\| = 0 \Leftrightarrow u = 0$

(2) $\|\lambda u\| = |\lambda| \|u\|$.

(3) $\|u + v\| \leq \|u\| + \|v\|$ *(desigualdad triangular o de Minkowski).*

Las propiedades 1) y 2) son inmediatas. La desigualdad triangular la probaremos un poco más adelante (véase la figura 1.1).

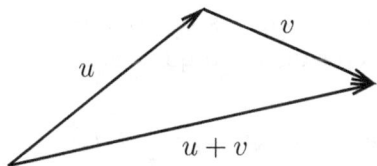

Figura 1.1: Desigualdad triangular: $\|u + v\| \leq \|u\| + \|v\|$.

Ejemplos 1.3.2.

(a) La norma de un vector $x = (x_1, \ldots, x_n)$ *de* $\mathbb{R}^n$ *con el producto escalar usual es* $\|x\| = \sqrt{x_1^2 + \cdots + x_n^2}$.

Así por ejemplo, la norma del vector $(1, -1) \in \mathbb{R}^2$ *con el producto escalar usual es* $\sqrt{2}$.

(b) *La norma de un vector* $x = (x_1, x_2) \in \mathbb{R}^2$ *correspondiente al producto escalar del ejemplo 1.1.2 (b), dado por* $\langle (x_1, x_2), (y_1, y_2) \rangle = 3x_1y_1 - x_1y_2 - x_2y_1 + 2x_2y_2$, *es* $\|x\| = \sqrt{3x_1^2 - 2x_1x_2 + 2x_2^2}$.

Así por ejemplo, la norma del vector $(1, -1)$ *con este producto escalar es* $\sqrt{7}$.

(c) *En el espacio vectorial euclídeo* $(\mathcal{M}_n(\mathbb{R}), \langle \, , \, \rangle)$ *con* $\langle A, B \rangle = traza(AB^t)$ *(ejemplo 1.1.2 (e)), la norma de* $A = (a_{ij})$ *es*

$$\|A\|^2 = \sum_{i,j=1}^{n} a_{ij}^2.$$

Por ejemplo, la norma de

$$A = \begin{pmatrix} 1 & 2 \\ 3 & 4 \end{pmatrix}$$

es $\|A\| = \sqrt{1^2 + 2^2 + 3^2 + 4^2} = \sqrt{30}$.

Teorema 1.3.3 (Desigualdad de Cauchy-Schwarz). *Sea* $(V, \langle \, , \, \rangle)$ *un espacio vectorial euclídeo. Se verifica que*

$$|\langle u, v \rangle| \leq \|u\|\|v\|,$$

para cualesquiera $u, v \in V$. *Además, la igualdad se alcanza si y solamente si* u *y* v *son linealmente dependientes.*

Demostración.

Si v es 0, la desigualdad es evidente (siendo en este caso una igualdad y los vectores linealmente dependientes). Así pues, podemos restringirnos al caso en el que v es no nulo. Veamos que podemos descomponer el vector u como una suma $u = \lambda v + w$, siendo w un vector de V tal que $\langle w, v \rangle = 0$. En efecto,

$$\langle w, v \rangle = \langle u - \lambda v, v \rangle = 0 \Leftrightarrow \langle u, v \rangle - \lambda \langle v, v \rangle = 0 \Leftrightarrow \lambda = \frac{\langle u, v \rangle}{\langle v, v \rangle}.$$

Por tanto, siempre podemos escribir $u = \frac{\langle u, v \rangle}{\langle v, v \rangle} v + w$, con $\langle w, v \rangle = 0$ (véase la figura 1.2). Obsérvese que λ, y por tanto w, están completamente determinados por las condiciones anteriores.[1]

Ahora tenemos:

$$\langle u, u \rangle = \langle \frac{\langle u, v \rangle}{\langle v, v \rangle} v + w, \frac{\langle u, v \rangle}{\langle v, v \rangle} v + w \rangle = \frac{\langle u, v \rangle^2}{\langle v, v \rangle^2} \langle v, v \rangle + \langle w, w \rangle = \frac{\langle u, v \rangle^2}{\langle v, v \rangle} + \langle w, w \rangle,$$

---

[1]La descomposición que hemos hecho se corresponde con la descomposición $V = L(v) \oplus (L(v))^{\perp}$ que veremos en la sección 1.5.

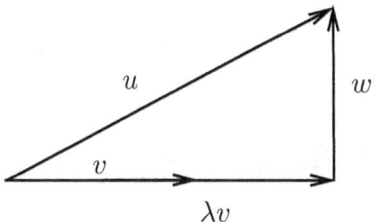

Figura 1.2: Descomposición $u = \lambda v + w$, con $\langle w, v \rangle = 0$.

de donde despejando

$$\langle u, v \rangle^2 = \langle u, u \rangle \langle v, v \rangle - \overbrace{\langle v, v \rangle}^{>0}\overbrace{\langle w, w \rangle}^{\geq 0} \leq \langle u, u \rangle \langle v, v \rangle,$$

y ya tenemos la desigualdad que queríamos probar. Además, la igualdad se da si y solamente si $w = 0$ o equivalentemente, si y solamente si $u = \frac{\langle v, u \rangle}{\langle v, v \rangle} v$, que es el caso en que u depende linealmente de v. $\qquad\square$

La desigualdad de Cauchy-Schwarz es útil, entre otras cosas, para probar otras desigualdades; en particular nos permite probar la desigualdad triangular.

Teorema 1.3.4 (Desigualdad triangular o de Minkowski). *Sea* $(V, \langle \ , \ \rangle)$ *un espacio vectorial euclídeo. Se verifica que*

$$\|u + v\| \leq \|u\| + \|v\|,$$

para cualesquiera $u, v \in V$.

Demostración. Puesto que ambos miembros de la desigualdad son positivos, basta ver que $\|u + v\|^2 \leq (\|u\| + \|v\|)^2$. Desarrollando,

$$
\begin{aligned}
\|u + v\|^2 &= \langle u + v, u + v \rangle \\
&= \langle u, u \rangle + 2\langle u, v \rangle + \langle v, v \rangle \\
&= \|u\|^2 + 2\langle u, v \rangle + \|v\|^2 \\
&\leq \|u\|^2 + 2\|u\|\|v\| + \|v\|^2 \\
&= (\|u\| + \|v\|)^2,
\end{aligned}
$$

donde, en el penúltimo paso hemos usado la desigualdad de Cauchy-Schwarz. $\qquad\square$

Ejemplos 1.3.5.

(a) *En el caso particular de* $\mathbb{R}^n$ *con el producto escalar usual, las desigualdades anteriores toman la siguiente forma:*

(i) $(x_1y_1+\cdots+x_ny_n)^2 \leq (x_1^2+\cdots+x_n^2)\cdot(y_1^2+\cdots+y_n^2)$ y la igualdad se obtiene si y solamente si existen $\lambda, \mu \in \mathbb{R}$ tales que $\lambda x_i + \mu y_i = 0, \forall i = 1,\ldots,n$ (Cauchy-Schwarz).

(ii) $\sqrt{(x_1+y_1)^2 + \cdots + (x_n+y_n)^2} \leq \sqrt{x_1^2 + \cdots + x_n^2} + \sqrt{y_1^2 + \cdots + y_n^2}$ (Minkowski).

(b) Aplicando la desigualdad de Cauchy-Schwarz, para el producto escalar usual de $\mathbb{R}^n$, a vectores convenientes, se pueden obtener muchas desigualdades interesantes. Como ejemplo tenemos:

(iii) $(x_1 + x_2 + \cdots + x_n)^2 \leq n(x_1^2 + x_2^2 + \cdots + x_n^2)$, $\forall x_1, x_2, \ldots, x_n \in \mathbb{R}$ (basta aplicar la desigualdad de Cauchy-Schwarz a los vectores $(1,1,\ldots,1)$ y $(x_1, x_2, \ldots, x_n)$). Esta desigualdad, reescrita como

$$\frac{|x_1 + x_2 + \cdots + x_n|}{n} \leq \sqrt{\frac{x_1^2 + x_2^2 + \cdots + x_n^2}{n}}$$

se conoce como **desigualdad de las medias aritmética-cuadrática**.

(iv) $x_1y_1 + \cdots + x_ny_n \leq x_1^2 + x_2^2 + \cdots + x_n^2$, $\forall x_1, x_2, \ldots, x_n \in \mathbb{R}$, siendo $\{x_1, \ldots, x_n\} = \{y_1, \ldots, y_n\}$ (basta aplicar la desigualdad de Cauchy-Schwarz a los vectores $(x_1, x_2, \ldots, x_n)$, $(y_1, y_2, \ldots, y_n)$, que tienen la misma norma). Esta desigualdad se conoce con el nombre de **desigualdad de reordenación**.

Ángulo entre dos vectores

Si nos fijamos en la definición clásica de producto escalar en $\mathbb{R}^2$ para dos vectores no nulos u y v, $\langle u, v \rangle = \|u\| \, \|v\| \cos \angle(u,v)$, podemos observar que, los términos $\langle u, v \rangle, \|u\|$ y $\|v\|$ que aparecen en la expresión anterior, los tenemos definidos para cualquier producto escalar de un espacio vectorial euclídeo $(V, \langle \, , \, \rangle)$. Pero, para que en general se cumpliera una relación similar, tendríamos que tener $\cos \theta = \frac{\langle u, v \rangle}{\|u\| \, \|v\|}$, por lo que sería necesario que

$$-1 \leq \frac{\langle u, v \rangle}{\|u\| \, \|v\|} \leq 1,$$

o equivalentemente,

$$\frac{|\langle u, v \rangle|}{\|u\| \, \|v\|} \leq 1,$$

lo cual es cierto en virtud de la desigualdad de Cauchy-Schwarz. Como además la función coseno da una biyección entre $[0, \pi]$ y $[-1, 1]$, podemos dar la siguiente definición:

Definición 1.3.6. *El **ángulo** que forman dos vectores no nulos u, v de un espacio vectorial euclídeo $(V, \langle \ , \ \rangle)$ es el único número real $\theta \in [0, \pi]$ tal que*

$$\cos \theta = \frac{\langle u, v \rangle}{\|u\| \ \|v\|}.$$

Ejemplos 1.3.7.

(a) *En $\mathbb{R}^2$ con el producto escalar usual, para $\theta \in [0, \pi]$, el ángulo que forman los vectores $u = (\cos \theta, \sin \theta)$ y $v = (1, 0)$ es θ.*

(b) *En $(\mathbb{R}^2, \langle \ , \ \rangle)$, donde $\langle (x_1, x_2), (y_1, y_2) \rangle = 3x_1y_1 + x_2y_2$, el ángulo que forman los vectores $(1, 1)$ y $(1, 0)$ es $\pi/6$, mientras que con el producto escalar usual es $\pi/4$.*

(c) *En el espacio vectorial euclídeo $(\mathcal{M}_2(\mathbb{R}), \langle \ , \ \rangle)$ con $\langle A, B \rangle = \text{traza}(AB^t)$ (ejemplo 1.1.2 (e) para $n = 2$), el ángulo formado por*

$$A = \begin{pmatrix} 1 & 0 \\ 0 & \text{-}1 \end{pmatrix} \quad y \quad B = \begin{pmatrix} 0 & 1 \\ 0 & 1 \end{pmatrix}$$

es $2\pi/3$.

(d) *En el espacio vectorial euclídeo $(\mathcal{P}_2(\mathbb{R}), \langle \ , \ \rangle)$ con $\langle p(x), q(x) \rangle = \int_0^1 p(x)q(x)dx$ (ejemplo 1.1.2 (c) para $n = 2$), los polinomios x^2 y $4x - 3$ forman un ángulo de $\pi/2$.*

El ángulo entre dos vectores satisface la siguiente esperable propiedad:

Proposición 1.3.8. *Sean u y v dos vectores de un espacio vectorial euclídeo $(V, \langle, \rangle)$. Entonces, si λ, μ son dos escalares con el mismo signo (ambos positivos o ambos negativos), el ángulo que forman u y v es el mismo que el que forman λu y μv.*

Demostración. Como $|\lambda\mu| = \lambda\mu$ por tener ambos el mismo signo, tenemos:

$$\cos \angle(\lambda u, \mu v) = \frac{\langle \lambda u, \mu v \rangle}{\|\lambda u\| \ \|\mu v\|} = \frac{\lambda\mu \langle u, v \rangle}{|\lambda||\mu|\|u\| \ \|v\|} = \frac{\langle u, v \rangle}{\|u\| \ \|v\|} = \cos \angle(u, v). \qquad \square$$

Definición 1.3.9. *Un vector u de un espacio vectorial euclídeo $(V, \langle, \rangle)$ que cumple $\|u\| = 1$ se llama vector **unitario**.*

Observación 1.3.10. *Si $u \neq 0$, entonces $\frac{u}{\|u\|}$ es un vector unitario, ya que, por la propiedad 2. de la norma:*

$$\left\| \frac{u}{\|u\|} \right\| = \frac{1}{\|u\|} \|u\| = 1.$$

Definición 1.3.11. *Dos vectores u, v de un espacio vectorial euclídeo $(V, \langle, \rangle)$ que cumplen $\langle u, v \rangle = 0$ se dice que son* **ortogonales** *(o* **perpendiculares**)*, y se denota $u \perp v$.*

Observación 1.3.12. *Para un par de vectores no nulos u, v podemos caracterizar el ser ortogonales y el ser linealmente dependientes (o linealmente independientes), en función del ángulo que forman:*

(i) u y v son ortogonales $\iff \langle u, v \rangle = 0 \iff \cos \angle(u, v) = 0 \iff \angle(u, v) = \pi/2$

(ii) u y v son linealmente dependientes $\iff |\langle u, v \rangle| = \|u\|\|v\|$ (igualdad en la desigualdad de Cauchy-Schwarz) $\iff |\cos \angle(u, v)| = 1 \iff \angle(u, v) = 0$ o π.

(iii) u y v son linealmente independientes $\iff \angle(u, v) \in (0, \pi)$.

Ejemplo 1.3.13. *En el espacio vectorial euclídeo $(\mathcal{P}_1(\mathbb{R}), \langle \, , \, \rangle)$, de los polinomios en la indeterminada x con coeficientes reales, de grado menor o igual que 1, y $\langle p(x), q(x) \rangle = \int_0^1 p(x)q(x)dx$, los polinomios $p(x) = ax + b$ ortogonales a x han de cumplir*

$$\langle p(x), x \rangle = \int_0^1 (ax + b)x\,dx = \frac{a}{3} + \frac{b}{2} = 0.$$

Si además queremos que dichos polinomios sean unitarios se ha de satisfacer

$$\|p(x)\|^2 = \langle p(x), p(x) \rangle = \int_0^1 (a^2x^2 + 2abx + b^2)dx = \frac{a^2}{3} + ab + b^2 = 1.$$

De ambas condiciones determinamos que los únicos polinomios unitarios que son ortogonales a x son $3x - 2$ y $-3x + 2$.

1.4. Bases ortonormales

Bases especiales en un espacio vectorial euclídeo

Una base $\mathcal{B} = \{u_1, \ldots, u_n\}$ de un espacio vectorial euclídeo se dice que es una **base ortogonal** si los vectores $u_1, \ldots, u_n$ son ortogonales dos a dos, y se dice que es **ortonormal** si, además de ser una base ortogonal, los vectores $u_1, \ldots, u_n$ son unitarios.

Ejemplo 1.4.1. *En $\mathbb{R}^n$ con el producto escalar usual, la base canónica $\mathcal{B} = \{(1, 0, \ldots, 0), (0, 1, \ldots, 0), \ldots, (0, 0, \ldots, 1)\}$, es una base ortonormal.*

Ejemplo 1.4.2. *En el espacio vectorial euclídeo $(\mathcal{M}_2(\mathbb{R}), \langle \, , \, \rangle)$, donde*

$$\langle A, B \rangle = traza(AB^t),$$

(ejemplo 1.1.2(e) para $n = 2$), la base

$$\mathcal{B} = \left\{ \begin{pmatrix} 1 & 0 \\ 0 & 0 \end{pmatrix}, \begin{pmatrix} 0 & 1 \\ 0 & 0 \end{pmatrix}, \begin{pmatrix} 0 & 0 \\ 1 & 0 \end{pmatrix}, \begin{pmatrix} 0 & 0 \\ 0 & 1 \end{pmatrix} \right\}$$

es una base ortonormal.

Obsérvese que si u y v son dos vectores ortogonales no nulos, entonces los vectores unitarios $\frac{u}{\|u\|}$ y $\frac{v}{\|v\|}$ siguen siendo vectores ortogonales ya que $\langle \lambda u, \mu v \rangle = \lambda \mu \langle u, v \rangle = 0$. Por tanto, si $\mathcal{B} = \{u_1, \ldots, u_n\}$ es una base ortogonal, para obtener una base ortonormal basta con tomar

$$\mathcal{B}' = \left\{ \frac{u_1}{\|u_1\|}, \ldots, \frac{u_n}{\|u_n\|} \right\}.$$

Respecto de una base ortogonal $\mathcal{B} = \{u_1, \ldots, u_n\}$, la matriz de Gram de un producto escalar será siempre una matriz diagonal:

$$A = \begin{pmatrix} \|u_1\|^2 & \cdots & 0 \\ \vdots & \ddots & \vdots \\ 0 & \cdots & \|u_n\|^2 \end{pmatrix},$$

y si la base $\mathcal{B} = \{u_1, \ldots, u_n\}$ es ortonormal, entonces la matriz de Gram correspondiente será la matriz unidad de orden n. Es por ello que la expresión de un producto escalar y de la norma asociada, con respecto a una *base ortonormal* $\mathcal{B}$ es especialmente sencilla:

$$\langle v, w \rangle = x_1 y_1 + \cdots + x_n y_n, \tag{1.3}$$
$$\|v\|^2 = x_1^2 + \cdots + x_n^2. \tag{1.4}$$

siendo $(x_1, \ldots, x_n)$ y $(y_1, \ldots, y_n)$ las componentes de v y w respectivamente, *con respecto a la base ortonormal $\mathcal{B}$.*

También las componentes de un vector respecto de una base ortonormal se pueden calcular fácilmente como veremos a continuación.

Proposición 1.4.3. *Sea $\mathcal{B} = \{u_1, \ldots, u_n\}$ una base ortogonal de un espacio vectorial euclídeo $(V, \langle \ , \ \rangle)$. Para cualquier vector $v \in V$ se tiene:*

$$v = \frac{\langle v, u_1 \rangle}{\|u_1\|^2} u_1 + \frac{\langle v, u_2 \rangle}{\|u_2\|^2} u_2 + \cdots + \frac{\langle v, u_n \rangle}{\|u_n\|^2} u_n.$$

En particular, si $\mathcal{B} = \{u_1, \ldots, u_n\}$ es una base ortonormal, se verifica:

$$v = \langle v, u_1 \rangle u_1 + \langle v, u_2 \rangle u_2 + \cdots + \langle v, u_n \rangle u_n.$$

Demostración. Llamemos $(x_1, \ldots, x_n)$ a las componentes de v respecto de la base $\mathcal{B}$, es decir, que se tiene $v = x_1 u_1 + \cdots + x_n u_n$. Haciendo el producto escalar de v por cada u_i $(i = 1, \ldots, n)$, y teniendo en cuenta que la base $\mathcal{B}$ es ortogonal, se obtiene: $\langle v, u_i \rangle = \langle x_1 u_1 + \cdots + x_n u_n, u_i \rangle = x_i \langle u_i, u_i \rangle = x_i \|u_i\|^2$, de donde despejando, $x_i = \frac{\langle v, u_i \rangle}{\|u_i\|^2}$. $\square$

A los escalares

$$\frac{\langle v, u_1 \rangle}{\|u_1\|^2}, \frac{\langle v, u_2 \rangle}{\|u_2\|^2}, \ldots, \frac{\langle v, u_n \rangle}{\|u_n\|^2}$$

de la proposición anterior se les conoce con el nombre de **coeficientes de Fourier de v respecto de la base ortogonal** $\mathcal{B} = \{u_1, \ldots, u_n\}$.

Teniendo en cuenta las expresiones (1.3) y (1.4), podemos concluir el siguiente resultado:

Corolario 1.4.4. *Si $\mathcal{B} = \{u_1, \ldots, u_n\}$ es una base ortonormal de un espacio vectorial euclídeo $(V, \langle \ , \ \rangle)$, entonces para todo par de vectores $v, w \in V$ se tiene:*

(i) $\langle v, w \rangle = \langle v, u_1 \rangle \langle w, u_1 \rangle + \langle v, u_2 \rangle \langle w, u_2 \rangle + \cdots + \langle v, u_n \rangle \langle w, u_n \rangle$, *y*

(ii) $\|v\|^2 = \langle v, u_1 \rangle^2 + \langle v, u_2 \rangle^2 + \cdots + \langle v, u_n \rangle^2$.

Ejemplo 1.4.5. *En $\mathbb{R}^3$ con el producto escalar usual tenemos la siguiente base ortogonal $\mathcal{B} = \{(1, 1, 1), (1, -1, 0), (-1, -1, 2)\}$. Si dividimos cada uno de los vectores de la base anterior por su norma, obtenemos la siguiente base ortonormal de $\mathbb{R}^3$:*

$$\mathcal{B}' = \left\{ \left(\frac{1}{\sqrt{3}}, \frac{1}{\sqrt{3}}, \frac{1}{\sqrt{3}} \right), \left(\frac{1}{\sqrt{2}}, -\frac{1}{\sqrt{2}}, 0 \right), \left(-\frac{1}{\sqrt{6}}, -\frac{1}{\sqrt{6}}, \frac{2}{\sqrt{6}} \right) \right\}.$$

Las componentes del vector $v = (1, 2, -1)$ respecto de la base $\mathcal{B}'$ serían

$$\langle (1, 2, -1), \left(\frac{1}{\sqrt{3}}, \frac{1}{\sqrt{3}}, \frac{1}{\sqrt{3}} \right) \rangle = \frac{2}{\sqrt{3}} \tag{1.5}$$

$$\langle (1, 2, -1), \left(\frac{1}{\sqrt{2}}, -\frac{1}{\sqrt{2}}, 0 \right) \rangle = -\frac{1}{\sqrt{2}} \tag{1.6}$$

$$\langle (1, 2, -1), \left(-\frac{1}{\sqrt{6}}, -\frac{1}{\sqrt{6}}, \frac{2}{\sqrt{6}} \right) \rangle = -\frac{5}{\sqrt{6}}, \tag{1.7}$$

es decir, $v = \left(\frac{2}{\sqrt{3}}, -\frac{1}{\sqrt{2}}, -\frac{5}{\sqrt{6}} \right)_{\mathcal{B}'}$. Como $\mathcal{B}'$ es una base ortonormal, usando la segunda parte del corolario anterior, resulta:

$$\|v\|^2 = \left(\frac{2}{\sqrt{3}} \right)^2 + \left(-\frac{1}{\sqrt{2}} \right)^2 + \left(-\frac{5}{\sqrt{6}} \right)^2 = \frac{4}{3} + \frac{1}{2} + \frac{25}{6} = \frac{36}{6} = 6,$$

esto es $\|v\| = \sqrt{6}$, que es lo mismo que se obtiene al calcular dicha norma con respecto a la base canónica.

Cambio de base entre bases ortonomales. Grupo ortogonal

Las matrices de los cambios de base entre bases ortonormales son un tipo especial de matrices.

Definición 1.4.6. *Una matriz cuadrada $P \in \mathcal{M}_n(\mathbb{R})$ que satisface $P^t P = I$ se llama **matriz ortogonal**. Al conjunto de todas las matrices ortogonales de orden n se le suele llamar **grupo ortogonal** y se denota por $O(n)$.*

Obsérvese que efectivamente $O(n)$ constituye un grupo con la operación producto de matrices, pues las matrices ortogonales son siempre inversibles, coincidiendo su inversa con su traspuesta, $P^{-1} = P^t$. Además, puesto que

$$\det(P^t P) = (\det P)^2 = 1,$$

su determinante sólo puede valer 1 o -1.

Proposición 1.4.7. *Sea $\mathcal{B}$ una base ortonormal de un espacio vectorial euclídeo $(V, \langle \ , \ \rangle)$. Sea $\mathcal{B}'$ una nueva base de V, y llamemos $P = M(\mathcal{B}' \to \mathcal{B})$ a la matriz del cambio de base entre $\mathcal{B}'$ y $\mathcal{B}$. Entonces*

$$\mathcal{B}' \text{ es una base ortonormal} \iff P \text{ es una matriz ortogonal}.$$

Demostración. Sean A y A' las matrices de Gram correspondientes a las bases $\mathcal{B}$ y $\mathcal{B}'$, respectivamente. Como $\mathcal{B}$ es una base ortonormal, la matriz de Gram A es la matriz unidad I. Como sabemos que $A' = P^t A P = P^t P$ (proposición 1.2.4), tenemos las siguientes equivalencias:

$$\mathcal{B}' \text{ es base ortonormal} \iff A' = I \iff I = P^t P \iff P \text{ es ortogonal.} \qquad \square$$

Ejemplo 1.4.8. *La matriz*

$$P = \begin{pmatrix} 1/\sqrt{3} & 1/\sqrt{2} & -1/\sqrt{6} \\ 1/\sqrt{3} & -1/\sqrt{2} & -1/\sqrt{6} \\ 1/\sqrt{3} & 0 & 2/\sqrt{6} \end{pmatrix}$$

es una matriz ortogonal puesto que es la matriz del cambio de base entre dos bases ortonormales de $\mathbb{R}^3$ con el producto escalar usual (véase el ejemplo 1.4.5).

Existencia de bases ortogonales: método de ortogonalización de Gram-Schmidt

Nuestro objetivo ahora es probar la existencia de bases ortogonales (y por ende de bases ortonormales) en cualquier espacio vectorial euclídeo y mostrar cómo construirlas a partir de una base cualquiera de dicho espacio. Esto lo haremos mediante un procedimiento llamado de Gram-Schmidt, que consiste en ir construyendo un nuevo vector ortogonal a los ya construidos y dependiente solamente de los vectores de la base dada hasta ese lugar.

Teorema 1.4.9 (Método de ortogonalización de Gram-Schmidt). *Sea* $(V, \langle \, , \, \rangle)$ *un espacio vectorial euclídeo. A partir de una base* $\mathcal{B} = \{u_1, \ldots, u_n\}$ *de* V *se puede construir una base* $\mathcal{B}' = \{e_1, \ldots, e_n\}$ *tal que*

(a) $\mathcal{B}'$ *es una base ortogonal, y*

(b) $L(e_1, \ldots, e_k) = L(u_1, \ldots, u_k), \ \forall k = 1, \ldots, n.$

Esta base se puede construir por recurrencia del modo siguiente:

$$
\begin{aligned}
e_1 &= u_1 \\
e_2 &= u_2 - \frac{\langle u_2, e_1 \rangle}{\|e_1\|^2} e_1 \\
e_3 &= u_3 - \frac{\langle u_3, e_1 \rangle}{\|e_1\|^2} e_1 - \frac{\langle u_3, e_2 \rangle}{\|e_2\|^2} e_2 \\
&\vdots \\
e_k &= u_k - \frac{\langle u_k, e_1 \rangle}{\|e_1\|^2} e_1 - \cdots - \frac{\langle u_k, e_{k-1} \rangle}{\|e_{k-1}\|^2} e_{k-1}, \ \forall k = 2, \ldots, n.
\end{aligned}
$$

Demostración. Basta comprobar las propiedades requeridas para los vectores $e_1, \ldots, e_n$ dados en el enunciado.

Obsérvese que de las ecuaciones dadas, se puede despejar u_k en función de $e_1, \ldots, e_k$, para cualquier $k = 1, \ldots, n$. Por tanto, $L(u_1, \ldots, u_k) \subset L(e_1, \ldots, e_k)$. Como además las dimensiones de estos subespacios cumplen que

$$
k = \dim L(u_1, \ldots, u_k) \le \dim L(e_1, \ldots, e_k) \le k,
$$

ambos subespacios han de coincidir. En particular, los vectores $e_1, \ldots, e_k$ son linealmente independientes para todo $k = 1, \ldots, n$, es decir, $\mathcal{B}' = \{e_1, \ldots, e_n\}$ es una base de V.

Probemos ahora por inducción finita que los vectores $e_1, \ldots, e_n$ son ortogonales dos a dos.

Para k=1 no hay nada que probar.

Para k=2,

$$
\langle e_2, e_1 \rangle = \langle u_2 - \frac{\langle u_2, e_1 \rangle}{\|e_1\|^2} e_1, e_1 \rangle = \langle u_2, e_1 \rangle - \frac{\langle u_2, e_1 \rangle}{\|e_1\|^2} \langle e_1, e_1 \rangle = \langle u_2, e_1 \rangle - \langle u_2, e_1 \rangle = 0,
$$

luego e_1 y e_2 son ortogonales.

Para $2 \le k \le n$, supongamos cierto que $e_1, \ldots, e_{k-1}$ son ortogonales dos a dos, y veamos que $e_1, \ldots, e_k$ son también ortogonales dos a dos. Es decir, hemos de ver que e_k y e_i son ortogonales para cualquier $i = 1, \ldots, k-1$.

$$
\begin{aligned}
\langle e_k, e_i \rangle &= \left\langle u_k - \frac{\langle u_k, e_1 \rangle}{\|e_1\|^2} e_1 - \cdots - \frac{\langle u_k, e_{k-1} \rangle}{\|e_{k-1}\|^2} e_{k-1}, e_i \right\rangle \\
&= \langle u_k, e_i \rangle - \frac{\langle u_k, e_i \rangle}{\|e_i\|^2} \langle e_i, e_i \rangle \\
&= \langle u_k, e_i \rangle - \langle u_k, e_i \rangle = 0,
\end{aligned}
$$

donde, para la segunda igualdad hemos usado la hipótesis de inducción: $\langle e_j, e_i \rangle = 0$, $\forall i, j = 1, \ldots, k-1$, $j \neq i$.

Concluimos que $\mathcal{B}' = \{e_1, \ldots, e_n\}$ es una base ortogonal y se ha construido de modo que $L(e_1, \ldots, e_k) = L(u_1, \ldots, u_k)$, $\forall k = 1, \ldots, n$. □

Observación 1.4.10. *Nótese que si los k primeros vectores de la base $\mathcal{B}$ de partida son ya ortogonales, el método de ortogonalización de Gram-Schmidt no los cambia, es decir, $e_1 = u_1, \ldots, e_k = u_k$.*

Ejemplo 1.4.11. *Aplicando el método de Gram-Schmidt en $\mathbb{R}^3$ con el producto escalar usual a la base $\mathcal{B} = \{(1, 1, -1), (1, 0, 1), (0, 1, 1)\}$, obtenemos la base ortogonal $\mathcal{B}' = \{(1, 1, -1), (1, 0, 1), (-\frac{1}{2}, 1, \frac{1}{2})\}$, y dividiendo por su norma a cada uno de estos vectores, obtenemos la siguiente base ortonormal*

$$
\mathcal{B}'' = \left\{ \left(\frac{1}{\sqrt{3}}, \frac{1}{\sqrt{3}}, -\frac{1}{\sqrt{3}} \right), \left(\frac{1}{\sqrt{2}}, 0, \frac{1}{\sqrt{2}} \right), \left(-\frac{1}{\sqrt{6}}, \frac{2}{\sqrt{6}}, \frac{1}{\sqrt{6}} \right) \right\}.
$$

Proposición 1.4.12. *Sea $(V, \langle\,,\,\rangle)$ un espacio vectorial euclídeo. Entonces:*

(a) *Todo conjunto de vectores no nulos ortogonales dos a dos es linealmente independiente.*

(b) *Todo conjunto de vectores no nulos, ortogonales dos a dos, se puede completar a una base ortogonal de V.*

Demostración. Sea $\{u_1, \ldots, u_r\}$ un conjunto de vectores no nulos ortogonales dos a dos.

(a) Supongamos que $\lambda_1 u_1 + \cdots + \lambda_r u_r = 0$, con $\lambda_1, \ldots, \lambda_r \in \mathbb{R}$. Entonces,

$$
0 = \langle 0, u_i \rangle = \langle \lambda_1 u_1 + \cdots + \lambda_r u_r, u_i \rangle = \lambda_i \langle u_i, u_i \rangle,
$$

de donde, como $u_i \neq 0$, $\lambda_i = 0$, $\forall i = 1, \ldots, r$. Esto es, los vectores $u_1, \ldots, u_r$ son linealmente independientes.

(b) Por el apartado anterior, $\{u_1, \ldots, u_r\}$ es linealmente independiente, luego se puede extender a una base de V:

$$\{u_1, \ldots, u_r, u_{r+1}, \ldots, u_n\},$$

Ahora le aplicamos el método de Gram-Schmidt para obtener una base ortogonal

$$\{e_1 = u_1, \ldots, e_r = u_r, e_{r+1}, \ldots, e_n\},$$

donde los r primeros vectores no han cambiado, puesto que de partida ya eran ortogonales (observación 1.4.10). $\qquad\square$

1.5. Ortogonalidad y subespacios

En lo siguiente V denotará un espacio vectorial real de dimensión finita y $\langle\,,\,\rangle$ un producto escalar en V.

Complemento ortogonal de un subespacio

Dado un subespacio vectorial U de V, se considera el conjunto de los vectores de V que son ortogonales a $todos$ los vectores de U, esto es:

$$U^\perp = \{v \in V \mid \langle v, u\rangle = 0, \ \forall u \in U\}.$$

Este conjunto es obviamente un subespacio vectorial de V.

Teorema 1.5.1. *Se satisface:*
$$V = U \oplus U^\perp.$$
En particular, $\dim V = \dim U + \dim U^\perp$.

Demostración. Hemos de ver que $V = U + U^\perp$ y que $U \cap U^\perp = \{0\}$. Para esto último, supongamos que $v \in U \cap U^\perp$. Entonces v es ortogonal a sí mismo y por tanto $\langle v, v\rangle = 0$. Luego $v = 0$.

Para ver que $V = U + U^\perp$, tomemos en primer lugar una base ortogonal de U, $\{u_1, \ldots, u_r\}$. Esto puede hacerse pues sabemos que en todo espacio vectorial euclídeo existen bases ortogonales, y $(U, \langle\,,\,\rangle|_{U \times U})$ es un espacio vectorial euclídeo. Por la proposición 1.4.12 (b), podemos extender esta base de U a una base ortogonal de V,

$$\{u_1, \ldots, u_r, u_{r+1}, \ldots, u_n\}.$$

Entonces $u_{r+1}, \ldots, u_n \in U^\perp$ y por tanto $L(u_{r+1}, \ldots, u_n) \subset U^\perp$. Como sabemos que $V = U + L(u_{r+1}, \ldots, u_n) \subset U + U^\perp$, se deduce que $V = U + U^\perp$. $\qquad\square$

Observación 1.5.2. *Nótese que si $\{u_1, \ldots, u_r, u_{r+1}, \ldots, u_n\}$ es una base ortogonal de V tal que los r primeros vectores $\{u_1, \ldots, u_r\}$ constituyen una base de U (como en la demostración del teorema) entonces, como $\dim U^\perp = n - r$, podemos afirmar que $U^\perp = L(u_{r+1}, \ldots, u_n)$ y que $\{u_{r+1}, \ldots, u_n\}$ es una base ortogonal de $U^\perp$.*

Definición 1.5.3. $U^\perp$ *recibe el nombre de* **complemento ortogonal de** U.

Corolario 1.5.4. $(U^\perp)^\perp = U$.

Demostración. Obviamente se tiene que $U \subset (U^\perp)^\perp$. Como además, por el teorema anterior, $V = U^\perp \oplus (U^\perp)^\perp = U^\perp \oplus U$, se tiene que $\dim(U^\perp)^\perp = \dim U$. Luego la contención anterior es una igualdad, o sea, $U = (U^\perp)^\perp$. $\qquad\qquad$ □

Para un subconjunto cualquiera H de V también se puede considerar el conjunto de los vectores de V que son ortogonales a todos los vectores de H, esto es:

$$H^\perp = \{v \in V \mid \langle v, h \rangle = 0, \ \forall h \in H\}.$$

Las siguientes propiedades se prueban fácilmente:

Proposición 1.5.5. *Sean H y K dos subconjuntos de V. Entonces:*

(a) $H^\perp$ *es siempre un subespacio vectorial de V.*

(b) *Si $H \subset K$ entonces $K^\perp \subset H^\perp$.*

(c) $(L(H))^\perp = H^\perp$.

(d) $(H^\perp)^\perp = L(H)$.

$H^\perp$ recibe el nombre de **subespacio ortogonal** a H.

Método práctico para calcular el complemento ortogonal a partir de una base del subespacio

Si $\mathcal{B} = \{u_1, \ldots, u_r\}$ es una base del subespacio U, entonces, por la propiedad (c) anterior, $U^\perp = (L(u_1, \ldots, u_r))^\perp = \{u_1, \ldots, u_r\}^\perp$. Luego,

$$x \in U^\perp \Longleftrightarrow \begin{cases} \langle x, u_1 \rangle = & 0 \\ \quad \vdots & \\ \langle x, u_r \rangle = & 0 \end{cases}$$

lo que nos proporciona unas ecuaciones cartesianas de $U^\perp$.

Ejemplos 1.5.6.   *(a) En $\mathbb{R}^3$ con el producto escalar usual, el complemento ortogonal del subespacio $U = L(u_1, u_2)$, siendo $u_1 = (-1, 1, 1)$ y $u_2 = (1, 0, 1)$,
tiene por ecuaciones:*

$$
\begin{cases}
\langle x, u_1 \rangle = 0 \ \Leftrightarrow \ (x_1 \ x_2 \ x_3) \begin{pmatrix} -1 \\ 1 \\ 1 \end{pmatrix} = 0 \ \Leftrightarrow \ -x_1 + x_2 + x_3 = 0 \\[4mm]
\langle x, u_2 \rangle = 0 \ \Leftrightarrow \ (x_1 \ x_2 \ x_3) \begin{pmatrix} 1 \\ 0 \\ 1 \end{pmatrix} = 0 \ \Leftrightarrow \ \qquad x_1 + x_3 = 0.
\end{cases}
$$

*(b) En $\mathbb{R}^3$ con el producto escalar cuya matriz de Gram respecto de la base canónica
es*

$$
A = \begin{pmatrix} 1 & 0 & 1 \\ 0 & 3 & 0 \\ 1 & 0 & 2 \end{pmatrix},
$$

*el complemento ortogonal del subespacio $U = L(u_1, u_2)$, siendo $u_1 = (-1, 1, 1)$
y $u_2 = (1, 0, 1)$, tiene por ecuaciones:*

$$
\begin{cases}
\langle x, u_1 \rangle = 0 \Leftrightarrow (x_1 \ x_2 \ x_3) \begin{pmatrix} 1 & 0 & 1 \\ 0 & 3 & 0 \\ 1 & 0 & 2 \end{pmatrix} \begin{pmatrix} -1 \\ 1 \\ 1 \end{pmatrix} = 0 \Leftrightarrow 3x_2 + x_3 = 0 \\[6mm]
\langle x, u_2 \rangle = 0 \Leftrightarrow (x_1 \ x_2 \ x_3) \begin{pmatrix} 1 & 0 & 1 \\ 0 & 3 & 0 \\ 1 & 0 & 2 \end{pmatrix} \begin{pmatrix} 1 \\ 0 \\ 1 \end{pmatrix} = 0 \Leftrightarrow 2x_1 + 3x_3 = 0.
\end{cases}
$$

**Cálculo del complemento ortogonal de un subespacio de $\mathbb{R}^n$ con el pro-
ducto escalar usual, a partir de unas ecuaciones cartesianas de dicho
subespacio**

Si en $\mathbb{R}^n$ con el producto escalar usual, el subespacio U viene dado por las
ecuaciones cartesianas:

$$
\begin{cases}
a_{11}x_1 + \cdots + a_{1n}x_n &= 0 \\
&\vdots \\
a_{k1}x_1 + \cdots + a_{kn}x_n &= 0
\end{cases}
$$

entonces, llamando $a_i = (a_{i1}, \ldots, a_{in})$, $i = 1, \ldots, k$, se tiene:

$$
x \in U \Longleftrightarrow \left\{ \begin{array}{ccc} \langle a_1, x \rangle &=& 0 \\ &\vdots& \\ \langle a_k, x \rangle &=& 0 \end{array} \right\} \Longleftrightarrow x \in \{a_1, \ldots, a_k\}^{\perp} = (L(a_1, \ldots, a_k))^{\perp}.
$$

Es decir, $U = (L(a_1, \ldots, a_k))^\perp$, lo que equivale por el corolario 1.5.4 a que $U^\perp = L(a_1, \ldots, a_k)$. Obtenemos así que $\{a_1, \ldots, a_k\}$ constituye un sistema de generadores de $U^\perp$, y, si $\dim U = n - k$, entonces $\{a_1, \ldots, a_k\}$ es linealmente independiente y constituye una base de $U^\perp$.

Este mismo argumento se puede emplear en un espacio vectorial euclídeo cualquiera si tomamos las componentes de los vectores respecto de una base $\mathcal{B}$ *ortonormal*, puesto que la expresión del producto escalar en dicha base es simplemente $\langle x, y \rangle = x_1 y_1 + \cdots + x_n y_n$, para $x = (x_1, \ldots, x_n)_\mathcal{B}$, $y = (y_1, \ldots, y_n)_\mathcal{B}$.

Ejemplo 1.5.7. *En $\mathbb{R}^3$ con el producto escalar usual, se considera el subespacio $U = \{x \in \mathbb{R}^3 |\ x_1 + 2x_2 - x_3 = 0\}$. Entonces $U^\perp = L((1, 2, -1))$.*

Proyección ortogonal sobre un subespacio

Dado un subespacio vectorial U de V, puesto que $V = U \oplus U^\perp$, sabemos que todo vector $v \in V$ se escribe *de forma única* como $v = u + w$, con $u \in U$ y $w \in U^\perp$. Esta descomposición nos permite definir una aplicación $p_U \colon V \to V$, mediante $p_U(v) = u$, que recibe el nombre de **proyección ortogonal** sobre U (véase la figura 1.3).

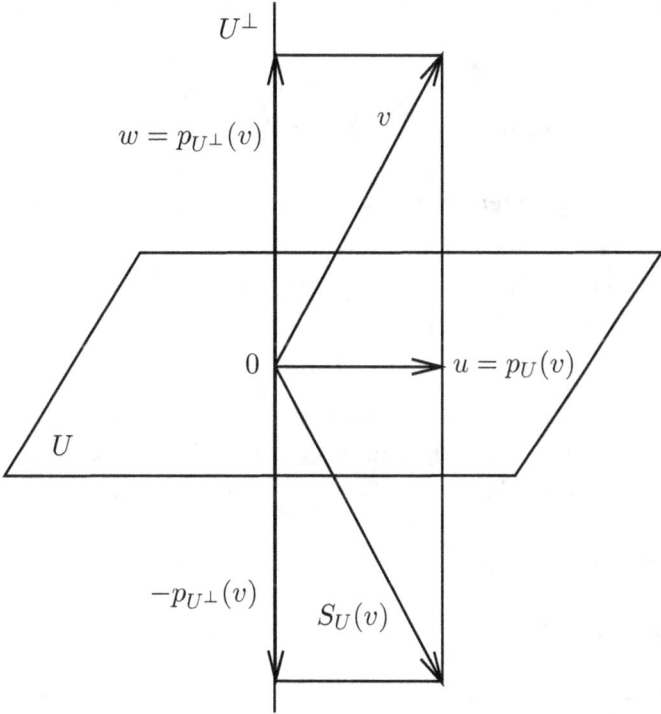

Figura 1.3: Proyección ortogonal del vector v con respecto a los subespacios U y $U^\perp$, y simetría ortogonal de v con respecto a U.

Las siguientes propiedades se comprueban fácilmente:

Proposición 1.5.8.   *(a) p_U es una aplicación lineal.*

(b) $p_U(u) = u, \forall u \in U$.

(c) Im $p_U = U$ y $\ker p_U = U^\perp$.

(d) $p_U \circ p_U = p_U$.

(e) $p_U + p_{U^\perp} = Id_V$.

Ejemplo 1.5.9. *En $\mathbb{R}^3$ con el producto escalar usual, se considera el subespacio $U = \{x \in \mathbb{R}^3 \mid x_1 + 2x_2 - x_3 = 0\}$. La proyección ortogonal sobre U del vector $v = (0, 1, 1)$ será un vector de componentes (a, b, c) que pertenezca a U, o sea, tal que $a + 2b - c = 0$ y además tal que $v - p_U(v)$ pertenezca a $U^\perp$. Como $U^\perp$ está generado por el vector $(1, 2, -1)$, el vector $(0, 1, 1) - (a, b, c) = (-a, 1 - b, 1 - c)$ ha de ser de la forma $\lambda(1, 2, -1)$. De aquí, $a = -\lambda, b = 1 - 2\lambda, c = 1 + \lambda$ y sustituyendo en la ecuación de U resulta:*

$$0 = (-\lambda) + 2(1 - 2\lambda) - (1 + \lambda) = 1 - 6\lambda \quad \Rightarrow \quad \lambda = \frac{1}{6}.$$

De donde,

$$p_U(0, 1, 1) = (a, b, c) = \left(-\frac{1}{6}, \frac{2}{3}, \frac{7}{6}\right).$$

Usando la propiedad (e) anterior, obtenemos $p_{U^\perp}(0, 1, 1)$ de forma inmediata:

$$p_{U^\perp}(0, 1, 1) = (0, 1, 1) - p_U(0, 1, 1) = \left(\frac{1}{6}, \frac{1}{3}, -\frac{1}{6}\right).$$

Conociendo una base ortonormal del subespacio U, $\{u_1, \ldots, u_r\}$, se puede calcular fácilmente la proyección ortogonal de un vector $v \in V$. En efecto, sea $v = u + w$, con $u \in U$ y $w \in U^\perp$. Existirán $\lambda_1, \ldots, \lambda_r \in \mathbb{R}$ tales que $u = \lambda_1 u_1 + \cdots + \lambda_r u_r$. Entonces

$$\langle v, u_i \rangle = \langle u + w, u_i \rangle = \langle u, u_i \rangle = \langle \lambda_1 u_1 + \cdots + \lambda_r u_r, u_i \rangle = \lambda_i \langle u_i, u_i \rangle = \lambda_i.$$

Por consiguiente, podemos enunciar:

Proposición 1.5.10. *Sea $\{u_1, \ldots, u_r\}$ una base ortonormal del subespacio U y sea $v \in V$. La proyección ortogonal de v sobre U se puede expresar como*

$$p_U(v) = \langle v, u_1 \rangle u_1 + \cdots + \langle v, u_r \rangle u_r.$$

Obsérvese que si $\{u_1, \ldots, u_r\}$ fuera una base ortogonal del subespacio U, la expresión de la proyección ortogonal sería:

$$p_U(v) = \frac{\langle v, u_1 \rangle}{\|u_1\|^2} u_1 + \cdots + \frac{\langle v, u_r \rangle}{\|u_r\|^2} u_r.$$

En particular, si U es un *subespacio de dimensión 1*, dado cualquier vector no nulo $u \in U$, la proyección ortogonal de un vector $v \in V$ sobre U será:

$$p_U(v) = \frac{\langle v, u \rangle}{\|u\|^2} u, \tag{1.8}$$

siendo su norma (véase la figura 1.4):

$$\|p_U(v)\| = \frac{|\langle v, u \rangle|}{\|u\|} = \|v\| |\cos \alpha|.$$

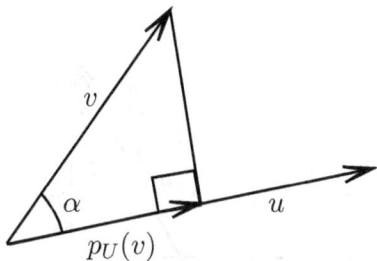

Figura 1.4: Proyección ortogonal del vector v con respecto al subespacio $U = L(u)$.

Ejemplo 1.5.11. *Consideremos el subespacio $U = L(u_1, u_2)$, con $u_1 = (-1, 1, 1)$ y $u_2 = (1, 0, 1)$, de $\mathbb{R}^3$ con el producto escalar usual (ejemplo 1.5.6 (a)). Como u_1 y u_2 son ortogonales para el producto escalar usual, la proyección ortogonal del vector $v = (0, 1, 1)$ sobre U es:*

$$p_U(v) = \frac{\langle v, u_1 \rangle}{\|u_1\|^2} u_1 + \frac{\langle v, u_2 \rangle}{\|u_2\|^2} u_2 = \frac{2}{3} u_1 + \frac{1}{2} u_2 = \left(-\frac{1}{6}, \frac{2}{3}, \frac{7}{6} \right).$$

Obsérvese que U coincide con el subespacio de ecuación $x_1 + 2x_2 - x_3 = 0$ del ejemplo 1.5.9.

Ejemplo 1.5.12. *En el espacio vectorial euclídeo $(\mathcal{M}_2(\mathbb{R}), \langle \ , \ \rangle)$, donde*

$$\langle A, B \rangle = traza(AB^t),$$

se considera el subespacio vectorial

$$U = \left\{ \begin{pmatrix} 3a & b \\ 0 & -a \end{pmatrix} ; \ a, b \in \mathbb{R} \right\}.$$

Las matrices

$$B_1 = \begin{pmatrix} 3 & 0 \\ 0 & \text{-}1 \end{pmatrix} \quad y \quad B_2 = \begin{pmatrix} 0 & 1 \\ 0 & 0 \end{pmatrix}$$

forman una base ortogonal de U pues:

$$\left\langle \begin{pmatrix} 3 & 0 \\ 0 & \text{-}1 \end{pmatrix}, \begin{pmatrix} 0 & 1 \\ 0 & 0 \end{pmatrix} \right\rangle = 0.$$

Además, $\|B_1\|^2 = 10$, y $\|B_2\|^2 = 1$. Por tanto, la proyección ortogonal sobre U de la matriz $A = \begin{pmatrix} 1 & \text{-}1 \\ 1 & \text{-}2 \end{pmatrix}$ sería:

$$p_U(A) = \frac{\langle A, B_1 \rangle}{\|B_1\|^2} B_1 + \frac{\langle A, B_2 \rangle}{\|B_2\|^2} B_2 = \frac{5}{10} B_1 + (-1) B_2 = \begin{pmatrix} 3/2 & \text{-}1 \\ 0 & \text{-}1/2 \end{pmatrix}.$$

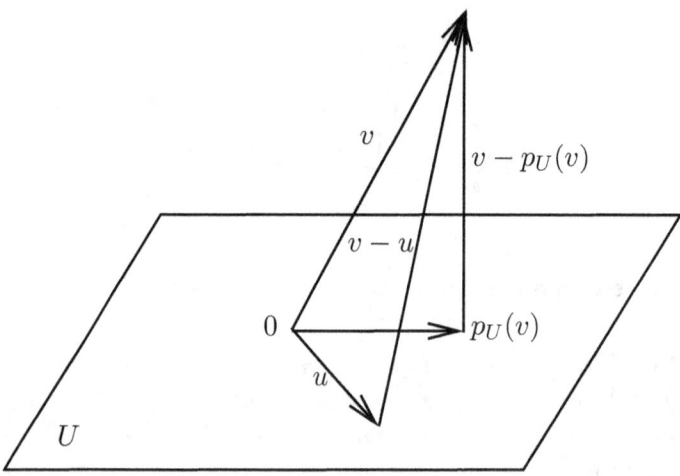

Figura 1.5: Propiedad de mínima longitud: $\|v - p_U(v)\| \le \|v - u\|$, para todo $u \in U$.

Probaremos a continuación que, fijado un vector $v \in V$, la norma de los vectores $v - u$ con u variando en el subespacio U alcanza su mínimo para $u = p_U(v)$ (véase la figura 1.5). Esta propiedad será de suma importancia para determinar la distancia de un punto a un subespacio afín en un espacio afín euclídeo (proposición 3.3.2).

Lema 1.5.13. *Sea $v \in V$ y U un subespacio vectorial de V. Entonces*

$$\|v - p_U(v)\| \le \|v - u\|, \quad \forall u \in U,$$

y la igualdad se da únicamente para $u = p_U(v)$.

Demostración. Para cualquier $u \in U$ tenemos que $p_U(v) - u$ pertenece a U, y por tanto, es ortogonal a $v - p_U(v) \in U^\perp$. Por tanto, tenemos:

$$
\begin{aligned}
\|v - u\|^2 &= \|v - p_U(v) + p_U(v) - u\|^2 \\
&= \langle (v - p_U(v)) + (p_U(v) - u), (v - p_U(v)) + (p_U(v) - u) \rangle \\
&= \langle v - p_U(v), v - p_U(v) \rangle + 2\langle v - p_U(v), p_U(v) - u \rangle \\
&\quad + \langle p_U(v) - u, p_U(v) - u \rangle \\
&= \|v - p_U(v)\|^2 + 2 \cdot 0 + \|p_U(v) - u\|^2 \\
&\geq \|v - p_U(v)\|^2.
\end{aligned}
$$

Además, la desigualdad anterior es una igualdad si y solamente si $\|p_U(v) - u\|^2 = 0$, esto es, cuando $u = p_U(v)$. $\qquad\square$

Simetría ortogonal respecto de un subespacio

Dado un subespacio vectorial U de V, consideremos su complemento ortogonal $U^\perp$. Como $V = U \oplus U^\perp$, podemos escribir cada vector $v \in V$, de forma única como $v = u + w$, con $u \in U$ y $w \in U^\perp$. Esta descomposición nos permite definir una nueva aplicación $S_U \colon V \to V$, mediante $S_U(v) = u - w$, que recibe el nombre de **simetría ortogonal con respecto al subespacio** U o simplemente **simetría con respecto al subespacio** U (véase la figura 1.3).

Proposición 1.5.14. *La simetría ortogonal con respecto a un subespacio U tiene las siguientes propiedades:*

(a) *S_U es un isomorfismo de V en sí mismo (automorfismo).*

(b) *$S_U|_U = Id|_U$. Más precisamente, $S_U(v) = v \Leftrightarrow v \in U$, lo que significa que $U = \{v \in V \mid S_U(v) = v\} = V_1$ es el subespacio propio de S_U para el autovalor 1.*

(c) *$S_U \circ S_U = Id$.*

(d) *$S_U = 2p_U - Id = Id - 2p_{U^\perp}$.*

(e) *Si $\{u_1, \ldots, u_r, u_{r+1}, \ldots, u_n\}$ es una base ortogonal de V tal que $\{u_1, \ldots, u_r\}$ es una base de U, entonces para cualquier $v \in V$ se tiene:*

$$
S_U(v) = \frac{\langle v, u_1 \rangle}{\|u_1\|^2} u_1 + \cdots + \frac{\langle v, u_r \rangle}{\|u_r\|^2} u_r - \frac{\langle v, u_{r+1} \rangle}{\|u_{r+1}\|^2} u_{r+1} - \cdots - \frac{\langle v, u_n \rangle}{\|u_n\|^2} u_n.
$$

En particular, si además $\{u_1, \ldots, u_r, u_{r+1}, \ldots, u_n\}$ es una base ortonormal de V, entonces

$$
S_U(v) = \langle v, u_1 \rangle u_1 + \cdots + \langle v, u_r \rangle u_r - \langle v, u_{r+1} \rangle u_{r+1} - \cdots - \langle v, u_n \rangle u_n.
$$

Observación 1.5.15. *Según lo anterior, la matriz asociada al automorfismo S_U respecto de una base ortonormal de V, $\{u_1, \ldots, u_r, u_{r+1}, \ldots, u_n\}$, tal que $\{u_1, \ldots, u_r\}$ es una base de U, sería la matriz diagonal:*

$$
\begin{array}{c}
 \\
 \\
fila\ r \\
fila\ (r+1) \\
 \\

\end{array}
\begin{pmatrix}
1 & & & & & \\
 & \ddots & & & & \\
 & & 1 & & & \\
 & & & -1 & & \\
 & & & & \ddots & \\
 & & & & & -1
\end{pmatrix}.
$$

Ejemplo 1.5.16. *En $\mathbb{R}^3$ con el producto escalar usual, consideramos el subespacio vectorial $U = \{x \in \mathbb{R}^3 \mid x_1 + 2x_2 - x_3 = 0\} = L(u_1, u_2)$, siendo $u_1 = (-1, 1, 1)$ y $u_2 = (1, 0, 1)$, de los ejemplos 1.5.6(a) y 1.5.7. Como $\{u_1, u_2\}$ es una base ortogonal de U y $u_3 = (1, 2, -1)$ es una base de $U^\perp$, tenemos que $\{u_1, u_2, u_3\}$ es una base ortogonal de $\mathbb{R}^3$. La simetría ortogonal S_U aplicada al vector $v = (0, 1, 1)$ es :*

$$
S_U(v) = \frac{\langle v, u_1 \rangle}{\|u_1\|^2} u_1 + \frac{\langle v, u_2 \rangle}{\|u_2\|^2} u_2 - \frac{\langle v, u_3 \rangle}{\|u_3\|^2} u_3 = \frac{2}{3} u_1 + \frac{1}{2} u_2 - \frac{1}{6} u_3 = \left(-\frac{1}{3}, \frac{1}{3}, \frac{4}{3} \right).
$$

Obsérvese que, como ya habíamos calculado $p_U(v) = \left(-\frac{1}{6}, \frac{2}{3}, \frac{7}{6} \right)$, también podíamos haber hecho el siguiente cálculo (propiedad (d)):

$$
S_U(v) = 2p_U(v) - v = 2 \left(-\frac{1}{6}, \frac{2}{3}, \frac{7}{6} \right) - (0, 1, 1) = \left(-\frac{1}{3}, \frac{1}{3}, \frac{4}{3} \right).
$$

Ejemplo 1.5.17. *Sea U un subespacio de $\mathbb{R}^2$ con el producto escalar usual tal que $S_U(1, 2) = (2, 1)$. Esta condición determina completamente el subespacio U. En efecto, como $S_U^2 = Id$, tenemos que $S_U(2, 1) = (1, 2)$. Como $\{(1, 2), (2, 1)\}$ es una base de $\mathbb{R}^2$, ya tenemos determinada la simetría S_U. Mediante un pequeño cálculo obtenemos que*

$$
U = \{v \in V \mid S_U(v) = v\} = L(1, 1).
$$

1.6. Isometrías

Generalidades

Definición 1.6.1. *Sean $(V, \langle\ ,\ \rangle)$ y $(V', \langle\ ,\ \rangle')$ dos espacios vectoriales euclídeos. Una aplicación $f \colon V \to V'$ se dice que es una **isometría** si se cumple que:*

(1) f es un isomorfismo (biyectiva y lineal), y

(2) f preserva el producto escalar, esto es:

$$\langle f(u), f(v)\rangle' = \langle u, v\rangle, \ \forall u, v \in V.$$

En este caso, se dice que los espacios $(V, \langle\ ,\ \rangle)$ y $(V', \langle\ ,\ \rangle')$ son **isométricos**.

Observación 1.6.2. *Una aplicación lineal que preserva el producto escalar es siempre inyectiva: si $f(v) = 0$, podemos deducir que $v = 0$, ya que*

$$\langle v, v\rangle = \langle f(v), f(v)\rangle' = \langle 0, 0\rangle' = 0,$$

y $\langle\ ,\ \rangle$ es definido positivo.

Por tanto, para asegurarnos de que f sea una isometría, bastará saber que $\dim V = \dim V'$ y que $f\colon V \to V'$ es una aplicación lineal que preserva el producto escalar.[2]

Proposición 1.6.3. *Se cumple que:*

(a) La composición de isometrías es una isometría.

(b) La inversa de una isometría es una isometría.

Obsérvese que como consecuencia de la propiedad (b) podemos afirmar que, para un isomorfismo $f\colon V \to V'$, se tiene:

$$f \text{ es isometría} \Longleftrightarrow f^{-1} \text{ es isometría.}$$

Los siguientes resultados ponen de manifiesto que el hecho de preservar el producto escalar implica preservar todo lo que se ha definido a partir de él, como por ejemplo la norma, el ángulo entre vectores, la ortogonalidad entre un vector y un subespacio, etc.

Proposición 1.6.4. *Sean $(V, \langle\ ,\ \rangle)$ y $(V', \langle\ ,\ \rangle')$ dos espacios vectoriales euclídeos de la misma dimensión con normas asociadas $\|\ \|$ y $\|\ \|'$ respectivamente. Entonces si $f\colon V \to V'$ es una aplicación lineal,*

$$f \text{ es una isometría} \Longleftrightarrow \|f(v)\|' = \|v\|, \ \forall\ v \in V.$$

Demostración. Si f es una isometría,

$$\|f(v)\|' = \sqrt{\langle f(v), f(v)\rangle'} = \sqrt{\langle v, v\rangle} = \|v\|, \ \forall\ v \in V.$$

---

[2]De hecho, tampoco hace falta comprobar que f es lineal, ya que toda aplicación que preserva el producto escalar es necesariamente lineal. En efecto, dados $u, v \in V$, $\lambda, \mu \in \mathbb{R}$ se comprueba fácilmente que $\|f(\lambda u + \mu v) - \lambda f(u) - \mu f(v)\|^2 = 0$.

Recíprocamente, como cualquier producto escalar se determina a partir de la norma mediante la **identidad de polarización** (ejercicio 1.2 (a)),

$$\langle u, v \rangle = \frac{1}{2}(\|u+v\|^2 - \|u\|^2 - \|v\|^2), \quad \forall u, v \in V,$$

entonces, si se preserva la norma, también se preserva el producto escalar.   □

Ejemplo 1.6.5. *Sea $S_U \colon V \to V$ la simetría ortogonal respecto de un subespacio U de un espacio vectorial euclídeo $(V, \langle\ ,\ \rangle)$. Sabemos que S_U es un isomorfismo de V en sí mismo. Vamos a ver que es una isometría probando que preserva la norma. En efecto, sea $v \in V$ y sean $u \in U, w \in U^\perp$ tales que $v = u + w$. Entonces*

$$
\begin{aligned}
\|S_U(v)\|^2 &= \|u-w\|^2 = \|u\|^2 + \|w\|^2 - 2\langle u, w \rangle = \|u\|^2 + \|w\|^2, \\
\|v\|^2 &= \|u+w\|^2 = \|u\|^2 + \|w\|^2 + 2\langle u, w \rangle = \|u\|^2 + \|w\|^2,
\end{aligned}
$$

donde hemos usado $\langle u, w \rangle = 0$. Por tanto S_U preserva la norma y es una isometría.

Asimismo, si f preserva el producto escalar preservará el ángulo formado por dos vectores:

Proposición 1.6.6. *Sean $(V, \langle\ ,\ \rangle)$ y $(V', \langle\ ,\ \rangle')$ dos espacios vectoriales euclídeos y $f \colon V \to V'$ una isometría. Entonces, dados $u, v \in V$, se cumple:*

$$\angle(u, v) = \angle(f(u), f(v)).$$

Demostración. La igualdad entre el ángulo que forman dos vectores u y v en V y el ángulo que forman sus imágenes $f(u), f(v)$ en V', se deduce de la igualdad entre sus cosenos:

$$\cos \angle(u, v) = \frac{\langle u, v \rangle}{\|u\|\|v\|} = \frac{\langle f(u), f(v) \rangle'}{\|f(u)\|'\|f(v)\|'} = \cos \angle(f(u), f(v)). \qquad \square$$

Proposición 1.6.7. *Sean $(V, \langle\ ,\ \rangle)$ y $(V', \langle\ ,\ \rangle')$ dos espacios vectoriales euclídeos de la misma dimensión y sea $\mathcal{B} = \{u_1, \ldots, u_n\}$ una base ortonormal de V. Entonces una aplicación lineal $f \colon V \to V'$ es una isometría si y solamente si $\mathcal{B}' = \{f(u_1), \ldots, f(u_n)\}$ es una base ortonormal de V'.*

Demostración. Si f es una isometría, por las dos proposiciones anteriores, los vectores $f(u_1), \ldots, f(u_n)$ son unitarios y ortogonales dos a dos. En consecuencia forman una base ortonormal de V'.

Recíprocamente, supongamos que $\mathcal{B}'$ es una base ortonormal de V'. Dados dos vectores x e y de V, con

$$x = x_1 u_1 + \cdots + x_n u_n, \quad y = y_1 u_1 + \cdots + y_n u_n,$$

tendremos $\langle x, y \rangle = x_1 y_1 + \cdots + x_n y_n$, ya que $\mathcal{B} = \{u_1, \ldots, u_n\}$ es una base ortonormal de V. Por ser f lineal se tendrá:

$$f(x) = x_1 f(u_1) + \cdots + x_n f(u_n), \quad f(y) = y_1 f(u_1) + \cdots + y_n f(u_n),$$

y por ser $\mathcal{B}' = \{f(u_1), \ldots, f(u_n)\}$ una base ortonormal de V', tendremos

$$\langle f(u), f(v) \rangle' = x_1 y_1 + \cdots + x_n y_n = \langle u, v \rangle. \qquad \square$$

Ejemplo 1.6.8. *Sea $S_U \colon V \to V$ la simetría ortogonal respecto de un subespacio U de un espacio vectorial euclídeo $(V, \langle \, , \, \rangle)$ y consideremos una base ortonormal de V, $\mathcal{B} = \{u_1, \ldots, u_r, u_{r+1}, \ldots, u_n\}$, siendo los r primeros vectores una base de U. Entonces*

$$S_U(u_1) = u_1, \ldots, S_U(u_r) = u_r, S_U(u_{r+1}) = -u_{r+1}, \ldots, S_U(u_n) = -u_n,$$

y la base $\mathcal{B}' = \{u_1, \ldots, u_r, -u_{r+1}, \ldots, -u_n\}$ sigue siendo una base ortonormal de V. Por la proposición anterior podemos afirmar que S_U es una isometría (lo cual ya habíamos visto en el ejemplo 1.6.5).

Corolario 1.6.9. *Sea $f \colon V \to V'$ una isometría entre dos espacios vectoriales euclídeos $(V, \langle \, , \, \rangle)$ y $(V', \langle \, , \, \rangle')$. Si U es un subespacio de V, entonces*

$$f(U)^{\perp} = f(U^{\perp}).$$

Demostración. Tomemos una base ortonormal de V, $\{u_1, \ldots, u_n\}$ tal que los r primeros vectores sean una base de U. Entonces,

$$\begin{aligned} f(U) &= f(L(u_1, \ldots, u_r)) = L(f(u_1), \ldots, f(u_r)), \\ f(U^{\perp}) &= f(L(u_{r+1}, \ldots, u_n)) = L(f(u_{r+1}), \ldots, f(u_n)). \end{aligned}$$

Por la proposición anterior, como f es una isometría, $\{f(u_1), \ldots, f(u_n)\}$ es una base ortonormal de V'. Luego:

$$f(U)^{\perp} = (L(f(u_1), \ldots, f(u_r)))^{\perp} = L(f(u_{r+1}), \ldots, f(u_n)) = f(U^{\perp}). \qquad \square$$

Teorema 1.6.10. *Sean $(V, \langle \, , \, \rangle)$ y $(V', \langle \, , \, \rangle')$ dos espacios vectoriales euclídeos de la misma dimensión, y sean $\mathcal{B} = \{v_1, \ldots, v_n\}$ y $\mathcal{B}' = \{v'_1, \ldots, v'_n\}$ sendas bases ortonormales de estos espacios. Sea $f \colon V \to V'$ una aplicación lineal cuya matriz respecto de las bases anteriores es $M_{\mathcal{B}, \mathcal{B}'}(f)$. Entonces*

$$f \text{ es una isometría} \iff M_{\mathcal{B}, \mathcal{B}'}(f) \text{ es una matriz ortogonal.}$$

Demostración. Sean

$$X = \begin{pmatrix} x_1 \\ x_2 \\ \vdots \\ x_n \end{pmatrix}, \quad Y = \begin{pmatrix} y_1 \\ y_2 \\ \vdots \\ y_n \end{pmatrix}.$$

las matrices columna formadas por las componentes respecto de la base $\mathcal{B}$ de dos vectores $x, y \in V$. Las matrices columna formadas por las componentes de los vectores $f(x)$ y $f(y)$ respecto de la base $\mathcal{B}'$ son entonces MX y MY, donde hemos llamado $M = M_{\mathcal{B},\mathcal{B}'}(f)$. Además, como $\mathcal{B}$ y $\mathcal{B}'$ son bases ortonormales, las matrices de Gram correspondientes son, en ambos casos, la identidad. Por tanto, se tiene

$$\begin{cases} \langle x, y \rangle & = & X^t Y \\ \langle f(x), f(y) \rangle' & = & (MX)^t(MY) & = & X^t(M^t M)Y. \end{cases}$$

De aquí deducimos que

$$\langle f(x), f(y) \rangle' = \langle x, y \rangle, \ \forall x, y \in V \iff X^t Y = X^t(M^t M)Y \ \forall X, Y \iff M^t M = I.$$

Otra demostración.

Por la proposición anterior, sabemos que f es una isometría si y solamente si $\mathcal{B}'' = \{f(v_1), \ldots, f(v_n)\}$ es una base ortonormal de V', y según sabemos, $\mathcal{B}''$ es base ortonormal si y solamente si la matriz $P = M(\mathcal{B}'' \to \mathcal{B}')$ del cambio de base es una matriz ortogonal (proposición 1.4.7).

Pero P es la matriz que tiene por columnas las componentes de los vectores $f(v_i)$ respecto de la base $\mathcal{B}'$, esto es, $P = M_{\mathcal{B},\mathcal{B}'}(f)$. Por tanto concluimos que f es una isometría si y solamente si la matriz $M_{\mathcal{B},\mathcal{B}'}(f)$ es ortogonal. □

Ejemplo 1.6.11. *Sea $S_U \colon V \to V$ la simetría ortogonal respecto de un subespacio U de un espacio vectorial euclídeo $(V, \langle \ , \ \rangle)$. Si $\mathcal{B} = \{u_1, \ldots, u_n\}$ es una base ortonormal de V siendo los r primeros vectores una base de U, entonces la matriz de S_U respecto de la base $\mathcal{B}$ es, como vimos en 1.5.15, una matriz diagonal cuyos elementos en la diagonal principal son 1 o -1. Es, por tanto, una matriz ortogonal.*

Ejemplo 1.6.12. *En $\mathbb{R}^3$ con el producto escalar usual el endomorfismo $f \colon \mathbb{R}^3 \to \mathbb{R}^3$ dada por $f(x, y, z) = \frac{1}{3}(2x - y + 2z, -x + 2y + 2z, 2x + 2y - z)$ es una isometría, ya que su matriz respecto de la base canónica es*

$$M = \frac{1}{3} \begin{pmatrix} 2 & -1 & 2 \\ -1 & 2 & 2 \\ 2 & 2 & -1 \end{pmatrix},$$

que es una matriz ortogonal.

Ejemplo 1.6.13. *En* $\mathbb{R}^3$ *con el producto escalar usual el endomorfismo cuya matriz respecto de la base* $\mathcal{B} = \{u_1 = (0,1,1), u_2 = (1,0,1), u_3 = (1,1,0)\}$ *es*

$$M = \begin{pmatrix} 1 & 0 & 0 \\ 0 & -4/5 & 3/5 \\ 0 & 3/5 & 4/5 \end{pmatrix}$$

no es una isometría, ya que se tiene

$$f(u_2) = -\frac{4}{5}u_2 + \frac{3}{5}u_3 \Longrightarrow f(1,0,1) = -\frac{4}{5}(1,0,1) + \frac{3}{5}(1,1,0) = (-\frac{1}{5}, \frac{3}{5}, -\frac{4}{5}),$$

por lo que $\|f(1,0,1)\|^2 = \frac{26}{25} \neq \|(1,0,1)\|^2 = 2$. *Aunque la matriz* M *sí es ortogonal, la base* $\mathcal{B}$ *no es ortonormal, por lo que el criterio del teorema anterior no es aplicable.*

Corolario 1.6.14. *Sea* $(V, \langle \, , \, \rangle)$ *un espacio vectorial euclídeo de dimensión* n. *Entonces* $(V, \langle \, , \, \rangle)$ *es isométrico a* $(\mathbb{R}^n, \langle \, , \, \rangle_0)$, *donde* $\langle \, , \, \rangle_0$ *denota el producto escalar usual.*

Demostración. Fijemos una base ortonormal $\mathcal{B} = \{u_1, \ldots, u_n\}$ de V y definamos $f \colon V \to \mathbb{R}^n$ como la única aplicación lineal tal que $f(u_i) = e_i$, siendo $\{e_1, \ldots, e_n\}$ la base canónica de $\mathbb{R}^n$. Entonces f es una isometría puesto que tranforma una base ortonormal en una base ortonormal. $\square$

Dado un espacio vectorial euclídeo $(V, \langle \, , \, \rangle)$ usaremos la siguiente notación:

$O(V, \langle \, , \, \rangle)$ es el conjunto de las isometrías de $(V, \langle \, , \, \rangle)$ en sí mismo.

$GL(V)$ es el conjunto de todos los automorfismos de V.

$O(n)$ es el grupo ortogonal (de las matrices ortogonales, ver la definición 1.4.6).

$GL(n)$ es el conjunto de las matrices cuadradas reales de orden n con determinante distinto de 0.

Corolario 1.6.15. *Sea* $(V, \langle \, , \, \rangle)$ *un espacio vectorial euclídeo de dimensión* n. *Entonces* $O(V, \langle \, , \, \rangle)$ *es un subgrupo del grupo* $GL(V)$ *con la composición, y es isomorfo al grupo ortogonal* $O(n)$.

Demostración. Fijemos una base ortonormal $\mathcal{B} = \{u_1, \ldots, u_n\}$ de V. Es bien sabido que la aplicación

$$\begin{array}{ccc} GL(V) & \to & GL(n) \\ f & \mapsto & M_{\mathcal{B},\mathcal{B}}(f) \end{array}$$

es un isomorfismo de grupos, donde en $GL(V)$ se considera la composición de aplicaciones y en $GL(n)$ el producto de matrices.

Por la proposición 1.6.3 podemos afirmar que $O(V, \langle \, , \, \rangle)$ es un subgrupo del grupo $GL(V)$, y como por el teorema anterior la imagen de $O(V, \langle \, , \, \rangle)$ es $O(n)$, el isomorfismo anterior se restringe al isomorfismo

$$\begin{array}{ccc} O(V, \langle \, , \, \rangle) & \to & O(n) \\ f & \mapsto & M_{\mathcal{B},\mathcal{B}}(f). \end{array}$$

$\square$

Isometrías de un espacio vectorial euclídeo en sí mismo

Nuestro próximo objetivo será clasificar las isometrías de un espacio vectorial euclídeo en sí mismo. El corolario 1.6.14 nos permite restringirnos sin pérdida de generalidad al caso de $\mathbb{R}^n$ con el producto escalar usual.

Recordemos que el determinante de un endomorfismo $f\colon V \to V$ se define como el determinante de la matriz asociada a f respecto de cualquier base de V, pues no depende de la base elegida. En el caso de que $(V, \langle\ ,\ \rangle)$ sea un espacio vectorial euclídeo y $f\colon V \to V$ una isometría, sabemos que la matriz asociada a f respecto de una base ortonormal $\mathcal{B}$ de V, $M_{\mathcal{B},\mathcal{B}}(f)$, es una matriz ortogonal, y por tanto su determinante vale 1 o -1. Esto nos permite dividir las isometrías en dos grandes grupos:

Definición 1.6.16. *Diremos que una isometría $f\colon V \to V$ es **directa** si su determinante es 1, y diremos que es **inversa** si su determinante vale -1.*

Proposición 1.6.17. *Sea f una isometría de $(V, \langle\ ,\ \rangle)$ en sí mismo. Los únicos posibles autovalores reales de f son 1 y -1.*

Demostración.

Supongamos que λ es un autovalor real de f. Entonces existirá un autovector $v \in V$, $v \neq 0$. Como f es una isometría se tiene:

$$\|f(v)\| = \|v\| \implies \|\lambda v\| = \|v\| \implies |\lambda|\|v\| = \|v\| \implies |\lambda| = 1. \qquad \square$$

Consideremos los subespacios propios de f correpondientes a los autovalores 1 y -1:

$$V_1 = \{v \in V \mid f(v) = v\} \quad \text{y} \quad V_{-1} = \{v \in V \mid f(v) = -v\}.$$

Ambos son subespacios vectoriales de V, y V_1 es el subespacio de los vectores de V que quedan fijos por f. Si M es la matriz de f respecto de una base $\mathcal{B}$ de V sabemos que

$$\dim V_1 = n - \operatorname{rango}(M - I) \quad \text{y} \quad \dim V_{-1} = n - \operatorname{rango}(M + I).$$

Proposición 1.6.18. *Sea f una isometría de $(V, \langle\ ,\ \rangle)$ en sí mismo. Entonces los subespacios V_1 y V_{-1} son ortogonales, es decir, que $\langle v, w \rangle = 0$, $\forall\, v \in V_1$, $w \in V_{-1}$.*

Demostración. Al ser f una isometría, si $v \in V_1, w \in V_{-1}$ se tiene:

$$\langle v, w \rangle = \langle f(v), f(w) \rangle = \langle v, -w \rangle = -\langle v, w \rangle \implies \langle v, w \rangle = 0, \ \forall\, v \in V_1,\ w \in V_{-1}. \square$$

A continuación estudiaremos de forma detallada la clasificación de las isometrías de $\mathbb{R}^2$ y $\mathbb{R}^3$, y lo haremos en función de estos subespacios V_1, V_{-1} y del determinante de f. Para dimensiones superiores se pueden obtener clasificaciones similares (teorema 1.7.10), aunque el número de casos va aumentando cada vez más.

Clasificación de las isometrías de $\mathbb{R}^2$

Sea $\mathcal{B} = \{e_1, e_2\}$ una base ortonormal de $\mathbb{R}^2$ para el producto escalar usual. Para que una aplicación lineal $f \colon \mathbb{R}^2 \to \mathbb{R}^2$ sea una isometría sabemos que es condición necesaria y suficiente que $\{f(e_1), f(e_2)\}$ sea una base ortonormal de $\mathbb{R}^2$. Por tanto:

- $f(e_1)$ ha de ser un vector unitario, luego sus componentes respecto de la base $\mathcal{B} = \{e_1, e_2\}$ serán de la forma $(\cos\alpha, \operatorname{sen}\alpha)_{\mathcal{B}}$, para algún $\alpha \in [0, 2\pi)$.

- $f(e_2)$ ha de ser también unitario y además ortogonal a $(\cos\alpha, \operatorname{sen}\alpha)_{\mathcal{B}}$, luego sólo hay dos posibilidades:

$$\text{(a)} \quad f(e_2) = (-\operatorname{sen}\alpha, \cos\alpha)_{\mathcal{B}} \qquad \text{(b)} \quad f(e_2) = (\operatorname{sen}\alpha, -\cos\alpha)_{\mathcal{B}}.$$

Caso (a): Rotación de ángulo α

En el primer caso, $f(e_2) = (-\operatorname{sen}\alpha, \cos\alpha)_{\mathcal{B}}$, la matriz asociada a f respecto de la base ortonormal $\mathcal{B} = \{e_1, e_2\}$ sería:

$$\begin{pmatrix} \cos\alpha & -\operatorname{sen}\alpha \\ \operatorname{sen}\alpha & \cos\alpha \end{pmatrix}.$$

El determinante de f vale 1 y se trata por tanto una **isometría directa**.

Este tipo de isometría recibe el nombre de **rotación de ángulo** α, debido a que un vector cualquiera v de $\mathbb{R}^2$ siempre podemos escribirlo con respecto a la base $\mathcal{B}$ como $v = (\rho\cos\theta, \rho\operatorname{sen}\theta)_{\mathcal{B}}$, por lo que las componentes de $f(v)$ con respecto a dicha base serían:

$$\begin{aligned} f(v) &= (\rho(\cos\alpha\cos\theta - \operatorname{sen}\alpha\operatorname{sen}\theta), \rho(\operatorname{sen}\alpha\cos\theta + \cos\alpha\operatorname{sen}\theta))_{\mathcal{B}} \\ &= (\rho\cos(\alpha+\theta), \rho\operatorname{sen}(\alpha+\theta))_{\mathcal{B}}, \end{aligned}$$

lo que significa que hemos girado el vector v un ángulo α.

Obsérvese que para $\alpha = 0$ la rotación es **la identidad** y para $\alpha = \pi$ es **menos la identidad**. A esta última rotación se le llama a veces **simetría respecto del origen**.

Estudiemos por último si 1 es autovalor:

$$\begin{vmatrix} \cos\alpha - 1 & -\operatorname{sen}\alpha \\ \operatorname{sen}\alpha & \cos\alpha - 1 \end{vmatrix} = (\cos\alpha - 1)^2 + \operatorname{sen}^2\alpha = 2(1 - \cos\alpha) = 0 \iff \alpha = 0.$$

Luego sólo en el caso de $f = \mathrm{Id}$, 1 es autovalor de la isometría, siendo $V_1 = \mathbb{R}^2$. Para $\alpha \neq 0$, $V_1 = \{0\}$.

Caso (b): Simetría respecto de una recta o simetría axial

En el segundo caso, $f(e_2) = (\operatorname{sen}\alpha, -\cos\alpha)_\mathcal{B}$, la matriz asociada a f respecto de la base ortonormal $\mathcal{B} = \{e_1, e_2\}$ sería:

$$\begin{pmatrix} \cos\alpha & \operatorname{sen}\alpha \\ \operatorname{sen}\alpha & -\cos\alpha \end{pmatrix}.$$

El determinante de f vale -1 y es por tanto una **isometría inversa**.

Veamos si 1 es autovalor:

$$\begin{vmatrix} \cos\alpha - 1 & \operatorname{sen}\alpha \\ \operatorname{sen}\alpha & -\cos\alpha - 1 \end{vmatrix} = (\cos\alpha-1)(-\cos\alpha-1)-\operatorname{sen}^2\alpha = 1-\cos^2\alpha-\operatorname{sen}^2\alpha = 0.$$

Por tanto 1 es autovalor y como $\operatorname{rango}(M-I) = 1$, se tiene que $\dim V_1 = 2-1 = 1$, es decir hay una recta de vectores fijos.

Puesto que el polinomio característico es de grado dos y una de sus raíces es real, la otra también ha de ser real. Como las únicas posibles raíces reales del polinomio característico de una isometría son 1 y -1, y $\dim V_1 = 1$, tenemos que necesariamente -1 también es autovalor y $\dim V_{-1} = 1$. En este caso, por cuestión de dimensiones, ha de ocurrir que $V_{-1} = V_1^\perp$ y $\mathbb{R}^2 = V_1 \oplus V_{-1}$.

La expresión $f(v) = v_1 - v_2$ para un vector de la forma $v = v_1 + v_2$ con $v_1 \in V_1$, $v_2 \in V_{-1}$ nos dice que f es la **simetría ortogonal con respecto a la recta** V_1, es decir, $f = S_{V_1}$. La matriz de f con respecto a una base ortonormal de $\mathbb{R}^2$, $\{u_1, u_2\}$, tal que $u_1 \in V_1$, $u_2 \in V_{-1}$, sería

$$\begin{pmatrix} 1 & 0 \\ 0 & -1 \end{pmatrix}.$$

Para encontrar una base ortonormal con las condiciones anteriores:

Si $\alpha = 0$, la recta de vectores fijos V_1 viene dada por la ecuación $y = 0$, por tanto, $e_1 = (1,0)_\mathcal{B} \in V_1$, y la base $\{e_1, e_2\}$ cumple lo pedido

Si $\alpha \neq 0$, la ecuación de la recta de vectores fijos sería $(\cos\alpha-1)x+(\operatorname{sen}\alpha)y = 0$. Por tanto, $(\operatorname{sen}\alpha, 1 - \cos\alpha)_\mathcal{B} \in V_1$. Pero, utilizando las fórmulas trigonométricas del ángulo doble, tenemos que

$$(\operatorname{sen}\alpha, 1 - \cos\alpha)_\mathcal{B} = 2\operatorname{sen}\frac{\alpha}{2}\left(\cos\frac{\alpha}{2}, \operatorname{sen}\frac{\alpha}{2}\right)_\mathcal{B}.$$

Por ser $\mathcal{B}$ una base ortonormal, el vector $(\cos\frac{\alpha}{2}, \operatorname{sen}\frac{\alpha}{2})_\mathcal{B}$ es un vector unitario de V_1. Vemos así que el eje de simetría V_1 forma un ángulo $\frac{\alpha}{2}$ con e_1.

La base ortonormal $\mathcal{B}' = \{(\cos\frac{\alpha}{2}, \operatorname{sen}\frac{\alpha}{2})_\mathcal{B}, (-\operatorname{sen}\frac{\alpha}{2}, \cos\frac{\alpha}{2})_\mathcal{B}\}$ cumple las condiciones que queríamos.

En conclusión, hemos probado que las isometrías de $\mathbb{R}^2$ sólo pueden ser de dos tipos: las directas que son rotaciones de ángulo $\alpha \in [0, 2\pi)$ (incluye los casos $f = Id$, $f = -Id$), y las inversas, para las cuales V_1 tiene dimensión 1, y f es la simetría ortogonal respecto de esta recta.

	Id	-Id	Rotación de ángulo $\alpha \in (0, 2\pi) - \{\pi\}$	Simetría respecto de la recta de vectores fijos
M_f	$\begin{pmatrix} 1 & 0 \\ 0 & 1 \end{pmatrix}$	$\begin{pmatrix} -1 & 0 \\ 0 & -1 \end{pmatrix}$	$\begin{pmatrix} \cos\alpha & -\text{sen}\,\alpha \\ \text{sen}\,\alpha & \cos\alpha \end{pmatrix}$	$\begin{pmatrix} 1 & 0 \\ 0 & -1 \end{pmatrix}$
Dir./Inv.	Directa	Directa	Directa	Inversa
dim V_1	2	0	0	1
dim V_{-1}	0	2	0	1
traza(f)	2	-2	$2\cos\alpha$	0

Cuadro 1.1: **Clasificación de las isometrías de $\mathbb{R}^2$.** M_f es la matriz de la isometría respecto de una base ortogonal adecuada.

Hemos incluido en el cuadro anterior la traza de f pues es un invariante que, en algunos casos, puede ser útil para clasificar la isometría. Recordemos que si f es un endomorfismo de un espacio vectorial V, se define la traza de f como la traza de la matriz asociada a f respecto de cualquier base de V, pues no depende de la base elegida. Por tanto, podemos calcular la traza de f como la traza de M_f.

En el caso de una isometría directa, f sería un giro de ángulo α con $\cos\alpha = \frac{1}{2}\text{traza}(f)$, por lo que la traza nos permite determinar el ángulo de giro salvo su signo. Para determinar el signo hace falta calcular $\text{sen}\,\alpha$, que se puede obtener a partir de la igualdad $f(e_1) = (\cos\alpha)e_1 + (\text{sen}\,\alpha)e_2$, siendo $\mathcal{B} = \{e_1, e_2\}$ la base ortonormal fijada.

Observación 1.6.19. *Nótese que si se cambia la base, podría ocurrir que el ángulo de giro respecto de la nueva base tuviera el signo contrario. Eso ocurre si, por ejemplo, cambiamos $\mathcal{B} = \{e_1, e_2\}$ por $\mathcal{B}' = \{e_2, e_1\}$ o por $\mathcal{B}'' = \{-e_1, e_2\}$. En general, que cambie o no el signo depende únicamente de la orientación de la base considerada. Para más detalles ir la sección A.2 del Apéndice A.*

Ejemplos 1.6.20.

(a) *La isometría de $\mathbb{R}^2$ con el producto escalar usual cuya matriz respecto de la base canónica es*

$$\begin{pmatrix} 0 & -1 \\ 1 & 0 \end{pmatrix},$$

tiene determinante 1, luego es una rotación. Como

$$(0, 1) = (\cos\alpha, \text{sen}\,\alpha) \Longrightarrow \alpha = \pi/2,$$

se trata de una rotación de ángulo $\pi/2$.

Obsérvese que en este caso, a partir de la traza de f, que vale 0, podemos saber que el ángulo es α con $\cos\alpha = 0$. Por tanto, α podría ser $\pi/2$ o $3\pi/2$.

(b) *La isometría dada por*

$$\begin{pmatrix} 0 & -1 \\ -1 & 0 \end{pmatrix}$$

tiene determinante -1, luego es una simetría respecto de la recta de vectores fijos V_1, cuya ecuación es $x + y = 0$.

Clasificación de las isometrías de $\mathbb{R}^3$

Sea $f\colon \mathbb{R}^3 \to \mathbb{R}^3$ una isometría de $\mathbb{R}^3$ con el producto escalar usual. Sea M la matriz de f respecto de una base ortonormal $B = \{e_1, e_2, e_3\}$. En este caso, el polinomio característico de f, $|M - \lambda I| = 0$, tiene grado 3, por lo que tiene que tener al menos una raíz real. Luego tenemos que o bien 1 o bien -1 es autovalor de f, y por tanto, al menos uno de los dos subespacios de autovectores V_1 o V_{-1} es no nulo.

Caso de $\dim V_1 > 0$.

Tenemos las siguientes posibilidades:

$\underline{\dim V_1 = 1}$. Consideremos una base ortonormal de $\mathbb{R}^3$, $\mathcal{B}' = \{v_1, v_2, v_3\}$, tal que $v_1 \in V_1$. Entonces $f(v_1) = v_1$ y $f(L(v_2, v_3)) = L(v_2, v_3)$ (por el corolario 1.6.9). Como f restringida al subespacio $L(v_2, v_3)$ es una isometría que no tiene vectores fijos, según la clasificación de las isometrías de $\mathbb{R}^2$ tiene que ser un giro de un cierto ángulo $\alpha \in (0, 2\pi)$ y por tanto la matriz de f respecto de la base $\mathcal{B}'$ será:

$$\begin{pmatrix} 1 & 0 & 0 \\ 0 & \cos\alpha & -\sin\alpha \\ 0 & \sin\alpha & \cos\alpha \end{pmatrix}.$$

Por tanto f es un **giro de eje la recta V_1 y de ángulo** α. El determinante de f es 1, luego es una **isometría directa**. En particular, para $\alpha = \pi$ la matriz anterior es

$$\begin{pmatrix} 1 & 0 & 0 \\ 0 & -1 & 0 \\ 0 & 0 & -1 \end{pmatrix},$$

y $f = S_{V_1}$ es la simetría ortogonal respecto de la recta V_1.

$\underline{\dim V_1 = 2}$. Observemos que al tener el polinomio característico de f dos raíces reales, entonces todas son reales y necesariamente -1 es autovalor de f. Por lo tanto, en este caso $\mathbb{R}^3 = V_1 \oplus V_{-1}$. Consideremos una base ortonormal de $\mathbb{R}^3$,

$\mathcal{B}' = \{v_1, v_2, v_3\}$, tal que $v_1, v_2 \in V_1$ y $v_3 \in V_{-1}$. Entonces $f(v_1) = v_1, f(v_2) = v_2$ y $f(v_3) = -v_3$ por tanto la matriz de f respecto de la base $\mathcal{B}'$ será:

$$\begin{pmatrix} 1 & 0 & 0 \\ 0 & 1 & 0 \\ 0 & 0 & -1 \end{pmatrix}.$$

Así pues f es la **simetría ortogonal respecto del plano** V_1. El determinante de f es -1 y por tanto es una **isometría inversa**.

$\underline{\dim V_1 = 3}$. En este caso f es la **identidad**. Su determinante vale 1 y es una **isometría directa**.

Caso de $\dim V_1 = 0$.

Como hemos dicho al principio, si $V_1 = \{0\}$, necesariamente $V_{-1} \neq \{0\}$. Pueden darse los siguientes casos:

$\underline{\dim V_{-1} = 1}$. Consideremos una base ortonormal de $\mathbb{R}^3$, $\mathcal{B}' = \{v_1, v_2, v_3\}$, tal que $v_1 \in V_{-1}$. Entonces $f(v_1) = -v_1$ y $f(L(v_2, v_3)) = L(v_2, v_3)$ (por el corolario 1.6.9). Como f restringida al subespacio $L(v_2, v_3)$ es una isometría que no tiene vectores fijos ni de V_{-1}, según la clasificación de las isometrías de $\mathbb{R}^2$, tiene que ser un giro de un cierto ángulo $\alpha \in (0, 2\pi) - \{\pi\}$ y, por tanto, la matriz de f respecto de la base $\mathcal{B}'$ será:

$$\begin{pmatrix} -1 & 0 & 0 \\ 0 & \cos\alpha & -\operatorname{sen}\alpha \\ 0 & \operatorname{sen}\alpha & \cos\alpha \end{pmatrix}.$$

Puesto que

$$\begin{pmatrix} -1 & 0 & 0 \\ 0 & \cos\alpha & -\operatorname{sen}\alpha \\ 0 & \operatorname{sen}\alpha & \cos\alpha \end{pmatrix} = \begin{pmatrix} 1 & 0 & 0 \\ 0 & \cos\alpha & -\operatorname{sen}\alpha \\ 0 & \operatorname{sen}\alpha & \cos\alpha \end{pmatrix} \begin{pmatrix} -1 & 0 & 0 \\ 0 & 1 & 0 \\ 0 & 0 & 1 \end{pmatrix}$$

se tiene que f es la **composición de una simetría respecto del plano ortogonal a la recta** V_{-1} **con un giro en dicho plano de ángulo** α.

El determinante de f es -1 y por tanto es una **isometría inversa**.

$\underline{\dim V_{-1} = 2}$. Este caso obligaría a que $\dim V_1 = 1$, pero como estamos en el caso de $V_1 = \{0\}$ no puede darse.

$\underline{\dim V_{-1} = 3}$. En este caso f es **menos la identidad**, $-\mathrm{Id}$. Su determinante vale -1 y es una **isometría inversa**.

	Id	Simetría resp. de la recta de vectores fijos V_1	Giro de eje la recta V_1 y ángulo $\alpha \in (0, 2\pi) - \{\pi\}$
M_f	$\begin{pmatrix} 1 & 0 & 0 \\ 0 & 1 & 0 \\ 0 & 0 & 1 \end{pmatrix}$	$\begin{pmatrix} 1 & 0 & 0 \\ 0 & -1 & 0 \\ 0 & 0 & -1 \end{pmatrix}$	$\begin{pmatrix} 1 & 0 & 0 \\ 0 & \cos\alpha & -\text{sen}\,\alpha \\ 0 & \text{sen}\,\alpha & \cos\alpha \end{pmatrix}$
Dir./Inv.	Directa	Directa	Directa
$\dim V_1$	3	1	1
$\dim V_{-1}$	0	2	0
traza(f)	3	-1	$1 + 2\cos\alpha$

Cuadro 1.2: **Clasificación de las isometrías directas de $\mathbb{R}^3$.** M_f es la matriz de la isometría respecto de una base ortogonal adecuada.

	-Id	Simetría resp. del plano de vectores fijos V_1	Composición de una simetría respecto del plano ortogonal a la recta V_{-1} y un giro de ángulo $\alpha \in (0, 2\pi) - \{\pi\}$
M_f	$\begin{pmatrix} -1 & 0 & 0 \\ 0 & -1 & 0 \\ 0 & 0 & -1 \end{pmatrix}$	$\begin{pmatrix} 1 & 0 & 0 \\ 0 & 1 & 0 \\ 0 & 0 & -1 \end{pmatrix}$	$\begin{pmatrix} -1 & 0 & 0 \\ 0 & \cos\alpha & -\text{sen}\,\alpha \\ 0 & \text{sen}\,\alpha & \cos\alpha \end{pmatrix}$
Dir./Inv.	Inversa	Inversa	Inversa
$\dim V_1$	0	2	0
$\dim V_{-1}$	3	1	1
traza(f)	-3	1	$-1 + 2\cos\alpha$

Cuadro 1.3: **Clasificación de las isometrías inversas de $\mathbb{R}^3$.** M_f es la matriz de la isometría respecto de una base ortogonal adecuada.

La traza de f es otro invariante que también puede ser útil para clasificar la isometría. Por ejemplo,

· si f es directa, sabemos que f es un giro alrededor del eje V_1 de ángulo α, con $\cos\alpha = \frac{1}{2}(\text{traza}(f) - 1)$, incluyendo los casos de $\alpha = 0, \pi$;

· si f es inversa, será la composición de una simetría respecto de un plano con un giro de eje ortogonal a dicho plano, y de ángulo α con $\cos\alpha = \frac{1}{2}(\text{traza}(f) + 1)$, incluyendo los casos de $\alpha = 0, \pi$.

Tanto si f es directa como inversa, aunque conozcamos $\cos\alpha$, para determinar completamente $\alpha \in (0, 2\pi) - \{\pi\}$ se necesita conocer sen α, y este valor dependerá de la orientación de la base ortonormal que se escoja en el plano de giro (véase la observación 1.6.19).

Ejemplo 1.6.21. *En* $\mathbb{R}^3$ *con el producto escalar usual, vamos a clasificar la isometría* f *cuya matriz* M *respecto de la base canónica es:*

$$(a) \begin{pmatrix} 0 & 0 & -1 \\ 0 & 1 & 0 \\ -1 & 0 & 0 \end{pmatrix} \quad (b) \begin{pmatrix} 0 & 1 & 0 \\ -1 & 0 & 0 \\ 0 & 0 & 1 \end{pmatrix} \quad (c) \begin{pmatrix} 0 & 0 & 1 \\ 0 & -1 & 0 \\ -1 & 0 & 0 \end{pmatrix}.$$

(a) En este caso se cumple:

- det $f = -1$*, luego es una isometría inversa,*

- $|M - I| = \begin{vmatrix} -1 & 0 & -1 \\ 0 & 0 & 0 \\ -1 & 0 & -1 \end{vmatrix} = 0$*, luego* 1 *es autovalor.*

- $rango(M - I) = 1$*. Por tanto,* $\dim V_1 = 2$*.*

De lo anterior se deduce que f *es una simetría respecto del plano* $V_1 \equiv \{x + z = 0\}$*.*

(b) Tenemos que:

- det $f = 1$*, luego es una isometría directa,*

- $|M - I| = \begin{vmatrix} -1 & 1 & 0 \\ -1 & -1 & 0 \\ 0 & 0 & 0 \end{vmatrix} = 0$*, luego* 1 *es autovalor.*

- $rango(M - I) = 2$*. Por tanto,* $\dim V_1 = 1$*.*

En consecuencia f *es un giro alrededor de la recta* $V_1 \equiv \{x = 0, y = 0\}$ *de ángulo* α *para una base ortonormal fijada de* $(V_1)^{\perp}$*.*

Observemos que los vectores $e_1 = (1,0,0)$ *y* $e_2 = (0,1,0)$ *forman una base ortonormal de* $(V_1)^{\perp}$*. Por tanto,*

$$\begin{cases} f(e_1) = \cos\alpha\, e_1 + \text{sen}\,\alpha\, e_2 = -e_2 \Longrightarrow \alpha = \frac{3\pi}{2} \\ f(e_2) = -\text{sen}\,\alpha\, e_1 + \cos\alpha\, e_2. \end{cases}$$

Así pues, f *es un giro alrededor del eje* z *de ángulo* $3\pi/2$ *para la base ortonormal* $\{e_1, e_2\}$ *del plano* $(V_1)^{\perp}$*.*

Otro método para calcular α *consiste en encontrar la matriz de* f *de la forma*

$$\begin{pmatrix} 1 & 0 & 0 \\ 0 & \cos\alpha & -\text{sen}\,\alpha \\ 0 & \text{sen}\,\alpha & \cos\alpha \end{pmatrix}.$$

Para ello calculamos la matriz de f respecto de una base ortonormal de $\mathbb{R}^3$ formada por un vector de V_1 y dos vectores de $(V_1)^\perp$. Por ejemplo, $\mathcal{B}' = \{e_3, e_1, e_2\}$. Sea $P = M(\mathcal{B}' \to \mathcal{B})$. La matriz de f respecto de esta base sería:

$$P^t M P = \begin{pmatrix} 0 & 0 & 1 \\ 1 & 0 & 0 \\ 0 & 1 & 0 \end{pmatrix} \begin{pmatrix} 0 & 1 & 0 \\ -1 & 0 & 0 \\ 0 & 0 & 1 \end{pmatrix} \begin{pmatrix} 0 & 1 & 0 \\ 0 & 0 & 1 \\ 1 & 0 & 0 \end{pmatrix} = \begin{pmatrix} 1 & 0 & 0 \\ 0 & 0 & 1 \\ 0 & -1 & 0 \end{pmatrix},$$

lo que permite determinar que $\alpha = 3\pi/2$ para la base fijada.

Obsérvese que $\operatorname{traza}(f) = 1 = 1 + 2\cos\alpha \Longrightarrow \alpha = \frac{\pi}{2}$ o $\alpha = \frac{3\pi}{2}$.

(c) En este caso se cumple:

- *$\det f = -1$, luego es una isometría inversa,*

- *$|M - I| = \begin{vmatrix} -1 & 0 & 1 \\ 0 & -2 & 0 \\ -1 & 0 & -1 \end{vmatrix} = -4$, luego 1 no es autovalor. Por tanto -1 ha de ser autovalor.*

- *$\operatorname{rango}(M + I) = \operatorname{rango}\begin{pmatrix} 1 & 0 & 1 \\ 0 & 0 & 0 \\ -1 & 0 & 1 \end{pmatrix} = 2$. Luego $\dim V_{-1} = 1$.*

De lo anterior se deduce que f es la composición de una simetría respecto del plano $(V_{-1})^\perp$ con un giro de eje la recta $V_{-1} \equiv \{x = 0, z = 0\}$ de ángulo α respecto de una base ortonormal de $(V_{-1})^\perp$.

Ahora observemos que los vectores $e_1 = (1, 0, 0)$ y $e_3 = (0, 0, 1)$ forman una base ortonormal de $(V_{-1})^\perp$, por lo que

$$\begin{cases} f(e_1) & = & \cos\alpha\, e_1 + \operatorname{sen}\alpha\, e_3 & = -e_3 \Longrightarrow \alpha = \frac{3\pi}{2} \\ f(e_3) & = & -\operatorname{sen}\alpha\, e_1 + \cos\alpha\, e_3. \end{cases}$$

Así pues, f es la composición de una simetría respecto del plano $(V_{-1})^\perp$ con un giro de eje V_{-1} de ángulo $3\pi/2$ para la base $\{e_1, e_3\}$ de dicho plano.

También podemos calcular α encontrando la matriz de f de la forma

$$\begin{pmatrix} -1 & 0 & 0 \\ 0 & \cos\alpha & -\operatorname{sen}\alpha \\ 0 & \operatorname{sen}\alpha & \cos\alpha \end{pmatrix}.$$

Para ello calculamos la matriz de f respecto de una base ortonormal de $\mathbb{R}^3$ formada por un vector de V_{-1} y dos vectores de $(V_{-1})^\perp$. Por ejemplo $\mathcal{B}' =$

$\{e_2, e_1, e_3\}$. *Si llamamos* $P = M(\mathcal{B}' \to \mathcal{B})$, *resulta que la matriz de* f *respecto de* $\mathcal{B}'$ *es:*

$$P^t M P = \begin{pmatrix} 0 & 1 & 0 \\ 1 & 0 & 0 \\ 0 & 0 & 1 \end{pmatrix} \begin{pmatrix} 0 & 0 & 1 \\ 0 & -1 & 0 \\ -1 & 0 & 0 \end{pmatrix} \begin{pmatrix} 0 & 1 & 0 \\ 1 & 0 & 0 \\ 0 & 0 & 1 \end{pmatrix} = \begin{pmatrix} -1 & 0 & 0 \\ 0 & 0 & 1 \\ 0 & -1 & 0 \end{pmatrix},$$

de donde se deduce que $\alpha = 3\pi/2$ *para la base fijada.*

Obsérvese que $traza(f) = -1 = -1 + 2\cos\alpha \Longrightarrow \alpha = \frac{\pi}{2}$ *o* $\alpha = \frac{3\pi}{2}$.

1.7. Diagonalización ortogonal. Aplicación a la clasificación de las isometrías de $\mathbb{R}^n$

Diagonalización de los endomorfismos autoadjuntos

El problema de la diagonalización de un endomorfismo de un espacio vectorial V consiste en estudiar cuándo existe una base de V tal que la matriz del endomorfismo respecto de dicha base es diagonal. El resultado principal, que el lector conocerá, afirma que una condición necesaria y suficiente para que tal base exista es que la multiplicidad algebraica y la geométrica de cada uno de los distintos autovalores del endomorfismo coincida, y que la suma de todas las multiplicidades algebraicas sea la dimensión del espacio vectorial (véase [MS], pág. 212).

Cuando el espacio vectorial V tiene una estructura métrica, o sea, es un espacio vectorial euclídeo, se estudia un tipo especial de diagonalización que vamos a ver a continuación.

En lo siguiente $(V, \langle \, , \, \rangle)$ denotará un espacio vectorial euclídeo.

Definición 1.7.1. *Un endomorfismo* $f \colon V \to V$ *es **diagonalizable ortogonalmente** si existe una base ortonormal $\mathcal{B}$ de V tal que la matriz que representa a f respecto de la base $\mathcal{B}$ es diagonal.*

En particular, para que un endomorfismo sea diagonalizable ortogonalmente ha de ser diagonalizable. A continuación vamos a considerar un tipo particular de endomorfismos de espacios vectoriales euclídeos que van a ser diagonalizables ortogonalmente.

Definición 1.7.2. *Un endomorfismo* $f \colon V \to V$ *se llama **autoadjunto** (o también **simétrico**) si cumple:*

$$\langle f(u), v \rangle = \langle u, f(v) \rangle, \quad \forall \, u, v \in V.$$

El siguiente resultado nos dice que un endomorfismo autoadjunto se reconoce fácilmente por la simetría de la matriz que lo representa respecto de cualquier base *ortonormal*.

Proposición 1.7.3. *Sea $\mathcal{B}$ una base ortonormal de V, $f\colon V \to V$ un endomorfismo y sea A la matriz de f respecto de la base $\mathcal{B}$. Entonces*

$$\boxed{f \text{ es autoadjunto} \iff A \text{ es simétrica.}}$$

Demostración. Escribamos matricialmente la condición de ser autoadjunto.

Usando que la matriz del producto escalar respecto de la base ortonormal B es la identidad, tenemos:

$$\begin{aligned}
\langle f(u), v \rangle &= (AX)^t Y = X^t A^t Y, \\
\langle u, f(v) \rangle &= X^t(AY) = X^t AY.
\end{aligned}$$

Luego,

$$f \text{ es autoadjunto} \iff X^t A^t Y = X^t AY, \ \forall X, Y \iff A = A^t. \qquad \square$$

Ejemplo 1.7.4. *En el espacio vectorial euclídeo $\mathbb{R}^3$ con el producto escalar usual, el endomorfismo $f\colon \mathbb{R}^3 \to \mathbb{R}^3$ dado por $f(x_1, x_2, x_3) = (x_1 + x_2 - x_3, x_1 + x_2 + x_3, -x_1 + x_2 + x_3)$ es autoadjunto, puesto que su matriz respecto de la base canónica (que es ortonormal) es simétrica:*

$$A = \begin{pmatrix} 1 & 1 & -1 \\ 1 & 1 & 1 \\ -1 & 1 & 1 \end{pmatrix}.$$

Proposición 1.7.5. *Se verifican los siguientes resultados:*

(a) *Dos subespacios propios distintos de un endomorfismo autoadjunto son ortogonales.*

(b) *Los valores propios de un endomorfismo autoadjunto son todos reales.*

Demostración. Sea f un endomorfismo autoadjunto.

(a) Si λ, μ son dos valores propios distintos y u, v son vectores propios asociados a λ, μ respectivamente, tenemos

$$\lambda \langle u, v \rangle = \langle f(u), v \rangle = \langle u, f(v) \rangle = \mu \langle u, v \rangle.$$

Luego $(\lambda - \mu)\langle u, v \rangle = 0$, y como $\lambda \neq \mu$, ello significa que $\langle u, v \rangle = 0$.

(b) Sea $\lambda = a + ib \in \mathbb{C}$ una raíz del polinomio característico de f, y veamos que $b = 0$. Sea A la matriz de f respecto de alguna base de V. Como $det(A - (a + bi)I) = 0$, existirán $u, v \in \mathbb{R}^n$ no ambos nulos, tales que $A(u + iv) = \lambda(u + iv)$. Desarrollando la última igualdad, tenemos:

$$Au + iAv = (a + ib)(u + iv) = (au - bv) + i(bu + av).$$

Igualando las partes reales e imaginarias, obtenemos:

$$Au = au - bv,$$
$$Av = bu + av.$$

Por tanto:

$$\langle Au, v \rangle = \langle u, Av \rangle \Leftrightarrow \langle au - bv, v \rangle = \langle u, bu + av \rangle \Leftrightarrow$$
$$a\langle u, v \rangle - b\langle v, v \rangle = b\langle u, u \rangle + a\langle u, v \rangle \Leftrightarrow$$
$$-b\langle v, v \rangle = b\langle u, u \rangle \Leftrightarrow b(\|u\|^2 + \|v\|^2) = 0.$$

Como u y v no son simultáneamente 0, b tiene que ser 0, y λ es real. □

Teorema 1.7.6. *Si* $f : V \to V$ *es un endomorfismo autoadjunto, entonces* f *es diagonalizable ortogonalmente.*

Demostración. Sean $\lambda_1, \ldots, \lambda_k$ los distintos valores propios (reales) de f y sean $V_{\lambda_1}, \ldots, V_{\lambda_k}$ los correspondientes subespacios propios que sabemos que son ortogonales dos a dos.

Si $U = V_{\lambda_1} \oplus \cdots \oplus V_{\lambda_k}$ coincide con V, entonces f es diagonalizable y, por tanto, diagonalizable ortogonalmente, ya que si tomamos bases ortonormales $\mathcal{B}_i$ de cada V_{λ_i}, $(i = 1, \ldots, k)$ la proposición anterior nos asegura que la base constituida por los vectores de todas estas bases es una base ortonormal de V.

Supongamos que $U \neq V$. Entonces su complemento ortogonal $U^\perp$ es no nulo. Como $f(U) \subset U$ y f es autoadjunto, se tiene que $f(U^\perp) \subset U^\perp$. En efecto, si $v \in U^\perp$ y $u \in U$, $\langle f(v), u \rangle = \langle v, f(u) \rangle = 0$.

Por tanto f se restringe a un endomorfismo autoadjunto $f|_{U^\perp} : U^\perp \to U^\perp$. Por el lema anterior, todos sus valores propios son reales, y tendrá, al menos un vector propio v no nulo, asociado a un cierto valor propio real λ. Pero λ también sería valor propio de f y v estaría en U. Esta contradicción termina la demostración del teorema. □

Corolario 1.7.7. *Si* $A \in \mathcal{M}_{n \times n}(\mathbb{R})$ *es una matriz simétrica real, existe una matriz ortogonal* $P \in \mathcal{O}(n)$ *tal que la matriz*

$$P^t A P$$

es diagonal.

Demostración. Sea $\mathcal{B}$ la base canónica de $\mathbb{R}^n$. Definimos el endomorfismo $f : \mathbb{R}^n \to \mathbb{R}^n$ cuya matriz respecto de la base canónica sea A. Entonces, como A es simétrica, f es autoadjunto y por el teorema anterior existe una base ortonormal $\mathcal{B}'$ de $\mathbb{R}^n$ tal que la matriz de f respecto de esta base es una matriz diagonal D. Sea $P = M(\mathcal{B}' \to \mathcal{B})$ que es una matriz ortogonal por ser $\mathcal{B}$ y $\mathcal{B}'$ bases ortonormales. Entonces,

$$D = P^{-1}AP = P^t AP. \qquad \qquad \square$$

A la diagonalización de una matriz real simétrica usando como matriz de paso una matriz ortogonal se le llama **diagonalización por semejanza ortogonal**, y es una diagonalización por semejanza y, al mismo tiempo, por congruencia.

Ejemplo 1.7.8. *El endomorfismo autoadjunto del ejemplo 1.7.4, tiene los autovalores -1 con multiplicidad 1 y 2 con multiplicidad 2. Los subespacios propios son*

$$V_{-1} = L((1,-1,1)) \quad y \quad V_2 = \{x - y + z = 0\}.$$

Para obtener una base ortonormal $\mathcal{B}$ respecto de la cual su matriz sea

$$D = \begin{pmatrix} -1 & 0 & 0 \\ 0 & 2 & 0 \\ 0 & 0 & 2 \end{pmatrix},$$

basta reunir los vectores de una base ortonormal de V_{-1} y de una base ortonormal de V_2. Por ejemplo,

$$\mathcal{B} = \left\{ \frac{1}{\sqrt{3}}(1,-1,1), \frac{1}{\sqrt{2}}(1,1,0), \frac{1}{\sqrt{6}}(1,-1,-2) \right\}.$$

Si llamamos

$$P = \begin{pmatrix} 1/\sqrt{3} & 1/\sqrt{2} & 1/\sqrt{6} \\ -1/\sqrt{3} & 1/\sqrt{2} & -1/\sqrt{6} \\ 1/\sqrt{3} & 0 & -2/\sqrt{6} \end{pmatrix},$$

tenemos que $D = P^t AP$.

Aplicación: Clasificación de las isometrías de $\mathbb{R}^n$

Los resultados anteriores sobre endomorfismos autoadjuntos se pueden usar para estudiar la forma general de las isometrías de $\mathbb{R}^n$.

Una isometría de un espacio vectorial euclídeo en sí mismo no es, por lo general, un endomorfismo autoadjunto. Pero siempre se obtiene un endomorfismo autoadjunto sumando a la isometría su propia inversa.

Lema 1.7.9. *Si $f \colon V \to V$ es una isometría de un espacio vectorial euclídeo $(V, \langle, \rangle)$, el endomorfismo*

$$h = f + f^{-1} \colon V \to V$$

es autoadjunto.

Demostración. En efecto, $\forall u, v \in V$, usando que f y f^{-1} son isometrías se tiene:

$$
\begin{aligned}
\langle u, h(v) \rangle &= \langle u, f(v) + f^{-1}(v) \rangle = \langle u, f(v) \rangle + \langle u, f^{-1}(v) \rangle \\
&= \langle f^{-1}(u), f^{-1}(f(v)) \rangle + \langle f(u), f(f^{-1}(v)) \rangle \\
&= \langle f^{-1}(u), v \rangle + \langle f(u), v \rangle = \langle f^{-1}(u) + f(u), v \rangle = \langle h(u), v \rangle.
\end{aligned}
$$

Otra demostración. Sea $\mathcal{B}$ una base ortonormal y sea M la matriz de f respecto de dicha base. La matriz de $h = f + f^{-1}$ respecto de $\mathcal{B}$ sería $A = M + M^{-1}$. Tenemos:

$$
A^t = (M + M^{-1})^t = M^t + (M^t)^{-1} = M^{-1} + (M^{-1})^{-1} = M^{-1} + M = A,
$$

donde hemos utilizado que M es ortogonal. Así pues, A es simétrica y h es autoadjunto. $\qquad\square$

Teorema 1.7.10 (Clasificación de las isometrías de $\mathbb{R}^n$). *Sea $f : \mathbb{R}^n \to \mathbb{R}^n$ una isometría respecto del producto escalar usual. Entonces existe una base ortonormal $\mathcal{B}$ de $\mathbb{R}^n$ tal que la matriz de f respecto de $\mathcal{B}$ es de la forma:*

$$
\begin{pmatrix}
1 & & & & & & & & \\
& \ddots & & & & & & & \\
& & 1 & & & & & & \\
& & & -1 & & & & & \\
& & & & \ddots & & & & \\
& & & & & -1 & & & \\
& & & & & & M_1 & & \\
& & & & & & & \ddots & \\
& & & & & & & & M_k
\end{pmatrix}
$$

donde $M_1, \ldots, M_k$ son matrices de la forma $M_i = \begin{pmatrix} \cos \alpha_i & -\operatorname{sen} \alpha_i \\ \operatorname{sen} \alpha_i & \cos \alpha_i \end{pmatrix}$ con $\alpha_i \in (0, 2\pi) - \{\pi\}$.

Demostración. Consideremos los subespacios propios V_1 y V_{-1} que sabemos que son ortogonales (proposición 1.6.18). Consideremos el subespacio $U = V_1 \oplus V_{-1}$.

Si $U = V$ ya hemos terminado, pues tomando como base de V la formada por una base ortonormal de V_1, $\{u_1, \ldots, u_r\}$ y una base ortonormal de V_{-1}, $\{v_1, \ldots, v_s\}$, la matriz de f sería como en el enunciado, sin bloques del tipo M_i.

Si $U \neq V$ consideremos su complemento ortogonal $U^\perp$. Obsérvese que $f(U) = U$, y como f es una isometría, se tiene

$$
f(U^\perp) = (f(U))^\perp = U^\perp.
$$

Tenemos así que f se restringe a una isometría de $U^\perp$ en sí mismo:

$$f|_{U^\perp} : U^\perp \to U^\perp,$$

y por el lema anterior, la aplicación $h = f|_{U^\perp} + (f|_{U^\perp})^{-1} : U^\perp \to U^\perp$ es un endomorfismo autoadjunto. Consideremos uno de sus autovalores (son todos reales) $\lambda \in \mathbb{R}$, y sea $w \in U^\perp$ no nulo tal que $h(w) = f(w) + f^{-1}(w) = \lambda w$.

Aplicando f a la igualdad anterior y despejando queda $f(f(w)) = \lambda f(w) - w$, por lo que

$$f(L(w, f(w))) \subset L(w, f(w)).$$

Obsérvese que w y $f(w)$ son linealmente independientes, es decir, que $L(w, f(w))$ es un plano al cual denotaremos por Π_1, y la relación anterior nos dice que $f(\Pi_1) \subset \Pi_1$. Como f es un isomorfismo, se tiene la igualdad $f(\Pi_1) = \Pi_1$. Luego f se restringe a una isometría $f|_{\Pi_1} : \Pi_1 \to \Pi_1$ y, por la clasificación de las isometrías entre planos, podemos asegurar la existencia de una base ortonormal $\{e_1, e_1'\}$ de Π_1, respecto de la cual la matriz de $f|_{\Pi_1}$ es

$$M_1 = \begin{pmatrix} \cos\alpha_1 & -\operatorname{sen}\alpha_1 \\ \operatorname{sen}\alpha_1 & \cos\alpha_1 \end{pmatrix}$$

con $\alpha_1 \in (0, 2\pi) - \{\pi\}$, es decir, $f|_{\Pi_1}$ es una rotación en el plano Π_1 que no es Id ni tampoco $-Id$.

Si $V = U \oplus \Pi_1$ ya hemos terminado, pues tomando como base de V

$$\{u_1, \ldots, u_r, v_1, \ldots, v_s, e_1, e_1'\}$$

la matriz de f sería como en el enunciado, con un solo bloque M_1.

Si $V \neq U \oplus \Pi_1$, entonces repetimos el argumento anterior, obteniendo finalmente k planos $\Pi_1, \ldots, \Pi_k$ de modo que $V = U \oplus \Pi_1 \oplus \cdots \oplus \Pi_k$, cada plano Π_{i+1} es ortogonal al subespacio $U \oplus \Pi_1 \oplus \cdots \oplus \Pi_i$, y f se restringe en cada Π_i a una isometría $f|_{\Pi_i} : \Pi_i \to \Pi_i$.

Por la clasificación de las isometrías entre planos, en cada uno de dichos planos Π_i existe una base ortonormal $\{e_i, e_i'\}$ respecto de la cual la matriz de $f|_{\Pi_i}$ es $M_i = \begin{pmatrix} \cos\alpha_i & -\operatorname{sen}\alpha_i \\ \operatorname{sen}\alpha_i & \cos\alpha_i \end{pmatrix}$ con $\alpha_i \in (0, 2\pi) - \{\pi\}$.

Así pues, respecto de la base ortonormal de V

$$\mathcal{B} = \{u_1, \ldots, u_r, v_1, \ldots, v_s, e_1, e_1', \ldots, e_k, e_k'\},$$

la matriz de f es como en el enunciado. $\square$

Ejemplo 1.7.11. *En la clasificación de las isometrías de $\mathbb{R}^2$ y $\mathbb{R}^3$ ((véanse los cuadros 1.1, 1.2, 1.3)) vimos que habían, respectivamente, 4 y 6 isometrías, que se corresponden con las posibles matrices que nos da el teorema anterior para $n = 2$ y $n = 3$.*

En $\mathbb{R}^4$ habrían 9 isometrías, correspondientes a las 9 matrices diferentes que nos da el teorema anterior.

1.8.   Ejercicios

1.1 Se considera el espacio vectorial euclídeo $(\mathbb{R}^2, g)$ donde g es el producto escalar cuya matriz de Gram respecto de la base $\{(2,0),(1,2)\}$ es :

$$A = \begin{pmatrix} 4 & -2 \\ -2 & 5 \end{pmatrix}.$$

(a) Calcular el ángulo que forman los vectores v y w, donde $v = (1,1)$ y $w = (1,-1)$ escritos en la base canónica.

(b) Encontrar todos los vectores unitarios que forman un ángulo de $\pi/4$ con el vector v.

1.2 Sea (V, g) un espacio vectorial euclídeo con norma asociada $\|\cdot\|$. Probar que se cumple:

(a) La llamada **identidad de polarización**:

$$g(u,v) = \frac{1}{2}(\|u+v\|^2 - \|u\|^2 - \|v\|^2), \quad \forall u, v \in V$$

(b) $\|u-v\|^2 = \|u\|^2 + \|v\|^2 - 2\|u\|\|v\| \cos \angle(u,v), \forall u, v \in V$ no nulos (**teorema del coseno**).

(c) Si u y v son ortogonales, entonces $\|u-v\|^2 = \|u\|^2 + \|v\|^2$ (**teorema de Pitágoras**).

(d) $\|u\|^2 + \|v\|^2 = \frac{1}{2}(\|u+v\|^2 + \|u-v\|^2), \forall u, v \in V$ (**identidad del paralelogramo**).

(e) u y v son ortogonales si y solamente si $\|u-v\| = \|u+v\|$.

1.3 En el espacio vectorial $\mathbb{R}^3$ se considera la norma $\|\cdot\|$ asociada a un producto escalar g, que está dada por:

$$\|u\|^2 = u_1^2 - 2u_1u_2 + 2u_2^2 + 2u_1u_3 + 6u_3^2,$$

para $u = (u_1, u_2, u_3) \in \mathbb{R}^3$. Escribir la matriz de Gram de g respecto de la base canónica, así como respecto de la base $\{(3,1,0),(2,0,-1),(0,1,0)\}$.

1.4 Sea $\mathcal{B} = \{e_1, e_2, e_3\}$ una base de $\mathbb{R}^3$ y consideremos la forma bilineal $g_\alpha \colon \mathbb{R}^3 \times \mathbb{R}^3 \to \mathbb{R}$ dada por $g_\alpha(x,y) = 2x_1y_1 - x_1y_2 - x_2y_1 + x_2y_2 + \alpha x_3y_3$, donde (x_1, x_2, x_3), (y_1, y_2, y_3) son las componentes de x e y respectivamente, respecto de la base $\mathcal{B}$. Se pide:

(a) Escribir la matriz asociada a dicha forma bilineal respecto de la base $\mathcal{B}$ y determinar para qué valores de α es g_α un producto escalar.

(b) Determinar una base ortonormal $\mathcal{B}'$ de (V, g_2).

1.5 En $\mathbb{R}^n$ con el producto escalar usual, aplicar la desigualdad de Cauchy-Schwarz a vectores convenientes para obtener la siguiente desigualdad:

$$(x_1^2 + x_2^2 + \cdots + x_n^2)^2 \le (x_1 + x_2 + \cdots + x_n)(x_1^3 + x_2^3 + \cdots + x_n^3),$$

para cualesquiera $x_1, \ldots, x_n \ge 0$.

1.6 En el espacio vectorial $\mathcal{P}_2(\mathbb{R})$ de los polinomios en la indeterminada x con coeficientes reales, de grado menor o igual que 2, con el producto escalar $\langle p(x), q(x) \rangle = \int_{-1}^{1} p(x)q(x)dx$, aplicar el método de ortogonalización de Gram-Schmidt a la base $\{1, x, x^2\}$ para obtener una base ortonormal de dicho espacio.

1.7 Sea $V, \langle\, , \,\rangle)$ un espacio vectorial euclídeo. Probar que, para cualesquiera subespacios vectoriales U_1 y U_2 de V, se verifica:

(a) $(U_1 + U_2)^\perp = U_1^\perp \cap U_2^\perp$, y

(b) $U_1^\perp + U_2^\perp = (U_1 \cap U_2)^\perp$.

1.8 En $\mathbb{R}^5$ con el producto escalar usual, se considera el subespacio

$$U = \left\{ (x_1, \ldots, x_5) \in \mathbb{R}^5 \mid x_1 - 2x_2 + x_3 - 2x_5 = 0,\ x_2 - 3x_4 = 0,\ x_4 - x_5 = 0 \right\}.$$

Calcular unas ecuaciones paramétricas del subespacio ortogonal a U, $U^\perp$.

1.9 En $\mathbb{R}^4$ con el producto escalar usual, se considera el subespacio U definido por la ecuación

$$2x_1 + 2x_2 - x_3 + 3x_4 = 0.$$

(a) Hallar una base ortonormal de U.

(b) Completar dicha base a una base ortonormal de $\mathbb{R}^4$.

(c) Hallar la proyección ortogonal del vector $(0, 1, 0, 1)$ sobre U y sobre su ortogonal $U^\perp$ (hacerlo por dos procedimientos distintos).

1.10 Sea V un espacio vectorial real tridimensional y sea $\mathcal{B} = \{e_1, e_2, e_3\}$ una base de V. Sea $g\colon V \times V \to \mathbb{R}$ la forma bilineal simétrica cuya matriz asociada respecto de la base $\mathcal{B}$ es:

$$\begin{pmatrix} \alpha & 1 & 0 \\ 1 & 1 & 1 \\ 0 & 1 & 2 \end{pmatrix}.$$

(a) Calcular los valores del parámetro α para los cuales g es un producto escalar.

(b) Sea $\alpha = 3$. Usar el método de ortogonalización de Gram-Schmidt para determinar una base ortogonal del subespacio U dado por la ecuación cartesiana $2x_1 + x_2 = 0$.

(c) Para $\alpha = 3$, determinar una base $\mathcal{B}'$ de V respecto de la cual la matriz asociada a g sea diagonal. Determinar dicha matriz diagonal.

1.11 En el espacio de las matrices cuadradas de orden 2, $\mathcal{M}_2(\mathbb{R})$, con el producto escalar $\langle A, B \rangle = \text{traza}(AB^t)$, se consideran las matrices

$$A = \begin{pmatrix} -1 & 1 \\ 0 & -1 \end{pmatrix}, \quad B = \begin{pmatrix} -2 & 1 \\ -1 & 0 \end{pmatrix}.$$

(a) Hallar el ángulo que forman A y B.

(b) Hallar la proyección ortogonal de A sobre el subespacio generado por B, $L(B)$, y sobre su ortogonal, $(L(B))^{\perp}$.

1.12 Se considera el espacio vectorial euclídeo $(\mathbb{R}^3, g)$ donde g es el producto escalar que respecto de la base canónica $\mathcal{B} = \{e_1, e_2, e_3\}$ de $\mathbb{R}^3$ verifica: $\|e_1\| = \|e_2\| = \|e_3\| = 1$ y $\angle(e_i, e_j) = \frac{\pi}{3}$, para $1 \le i < j \le 3$. Hallar:

(a) La matriz de Gram de g respecto de $\mathcal{B}$.

(b) Las ecuaciones cartesianas y paramétricas del subespacio $U^{\perp}$, donde

$$U \equiv \begin{cases} x_1 + x_2 = & 0 \\ x_2 + x_3 = & 0. \end{cases}$$

1.13 Clasificar las isometrías de $\mathbb{R}^2$ y $\mathbb{R}^3$ con el producto escalar usual, cuyas matrices respecto de las bases canónicas de $\mathbb{R}^2$ y $\mathbb{R}^3$ respectivamente, son las siguientes:

$(i) \begin{pmatrix} \sqrt{3}/2 & 1/2 \\ -1/2 & \sqrt{3}/2 \end{pmatrix}$ $(ii) \begin{pmatrix} \sqrt{3}/2 & 1/2 \\ 1/2 & -\sqrt{3}/2 \end{pmatrix}$ $(iii) \begin{pmatrix} 1/\sqrt{2} & 0 & 1/\sqrt{2} \\ 1/\sqrt{2} & 0 & -1/\sqrt{2} \\ 0 & 1 & 0 \end{pmatrix}$

$$(iv)\,\frac{1}{3}\begin{pmatrix} 2 & -1 & 2 \\ -1 & 2 & 2 \\ 2 & 2 & -1 \end{pmatrix} \qquad (v)\,\frac{1}{3}\begin{pmatrix} -2 & 1 & 2 \\ 1 & -2 & 2 \\ 2 & 2 & 1 \end{pmatrix} \qquad (vi)\begin{pmatrix} 0 & 1 & 0 \\ 0 & 0 & -1 \\ 1 & 0 & 0 \end{pmatrix}$$

$$(vii)\begin{pmatrix} 0 & \sqrt{2}/\sqrt{3} & 1/\sqrt{3} \\ \sqrt{2}/\sqrt{3} & -1/3 & \sqrt{2}/3 \\ 1/\sqrt{3} & \sqrt{2}/3 & -2/3 \end{pmatrix} \qquad (viii)\begin{pmatrix} 0 & \sqrt{2}/\sqrt{3} & 1/\sqrt{3} \\ -\sqrt{2}/\sqrt{3} & 1/3 & -\sqrt{2}/3 \\ 1/\sqrt{3} & \sqrt{2}/3 & -2/3 \end{pmatrix}$$

1.14 En $\mathbb{R}^2$ con el producto escalar usual demostrar que:

(a) La composición de dos giros de ángulos α y β es un giro de ángulo $\alpha + \beta$.

(b) La composición de dos simetrías axiales es una rotación. Determinar su ángulo.

(c) La composición de una rotación y una simetría axial es otra simetría axial. Determinar su eje.

1.15 Probar que si n es impar no existe ninguna isometría $f\colon \mathbb{R}^n \to \mathbb{R}^n$ que cumpla $f \circ f = -Id_{\mathbb{R}^n}$. Dar un ejemplo en $\mathbb{R}^2$ de una isometría que cumpla $f \circ f = -Id$.

1.16 En $\mathbb{R}^2$ con el producto escalar usual hallar las ecuaciones matriciales de las isometrías siguientes:

(a) La simetría con respecto a la recta de ecuación $2x + y = 0$.

(b) La rotación que transforma el vector $(-2, \sqrt{5})$ en el $(3, 0)$.

(c) La isometría inversa que deja fijo el vector $(-2, 1)$.

1.17 En $\mathbb{R}^3$ con el producto escalar usual hallar las ecuaciones matriciales de las isometrías siguientes:

(a) Giro de ángulo $\frac{\pi}{4}$ con respecto al eje de dirección $(-1,1,1)$.

(b) Simetría respecto del plano de ecuación $x - 2y + z = 0$.

(c) Giro de ángulo $\frac{\pi}{6}$ respecto de la recta de ecuaciones $x + y = 0$, $y - 2z = 0$ y simetría respecto del plano ortogonal a dicha recta.

1.18 En $\mathbb{R}^3$ con el producto escalar usual hallar las matrices respecto de la base canónica de todas las isometrías que dejan invariante la recta $\{x = y, z = 0\}$ pero no dejan ningún vector fijo.

1.19 Consideremos en $\mathbb{R}^3$, con el producto escalar usual, la isometría inversa f cuyo subespacio propio del autovalor 1 es $V_1 = L((1,0,2),(1,-2,0))$.

Clasificar dicha isometría y calcular su expresión matricial respecto de la base canónica de $\mathbb{R}^3$. Calcular también la expresión matricial de f^{-1}.

1.20 Sea $\mathcal{B} = \{e_1, e_2\}$ la base canónica de $\mathbb{R}^2$ y sea g un producto escalar en $\mathbb{R}^2$ para el cual $\|e_1\| = 2$, el vector $e_1 + e_2$ es unitario y el vector $3e_1 + 5e_2$ es ortogonal al subespacio de ecuación $x_1 - 2x_2 = 0$.

(a) Determinar la matriz de Gram de g respecto de la base canónica $\mathcal{B}$.

(b) Encontrar una base ortonormal de $(\mathbb{R}^2, g)$ que contenga al vector $e_1 + e_2$.

(c) Determinar si es una isometría de $(\mathbb{R}^2, g)$ la aplicación lineal f cuya matriz respecto de la base canónica $\mathcal{B}$ es la siguiente:

$$\begin{pmatrix} \sqrt{3} & -\sqrt{3}/2 \\ 2/\sqrt{3} & 0 \end{pmatrix}.$$

1.21 Probar que todo giro alrededor de una recta vectorial r de $\mathbb{R}^3$ se puede descomponer como composición de dos simetrías ortogonales S_{π_1} y S_{π_2} respecto de dos planos vectoriales π_1 y π_2 respectivamente, tales que $\pi_1 \cap \pi_2 = r$.

1.22 En $\mathbb{R}^3$ con el producto escalar usual hallar la matriz respecto de la base canónica de la isometría inversa que cumple que f es un giro en el plano de ecuación $x = y$ y $f(1,1,0) = (1/2, 1/2, \sqrt{6}/2)$.

1.23 Sea $f \colon \mathbb{R}^3 \to \mathbb{R}^3$ la isometría considerada en el apartado (vi) del ejercicio 1.13. Sea $h \colon \mathbb{R}^3 \to \mathbb{R}^3$ el endomorfismo $h = f + f^{-1}$.

(a) Comprobar en este caso particular que h es autoadjunto.

(b) Diagonalizar ortogonalmente el endomorfismo h.

1.24 (a) Sea $(V, \langle , \rangle)$ un espacio vectorial euclídeo. Sea $f \colon V \to V$ una isometría y U un subespacio vectorial de V. Si $p_U \colon V \to V$ denota la proyección ortogonal sobre U, probar que

$$f \circ p_U = p_{f(U)} \circ f.$$

¿Es cierto también que $f \circ S_U = S_{f(U)} \circ f$, donde S_U denota la simetría ortogonal con respecto a U?

(b) En $\mathbb{R}^2$ con el producto escalar usual, sea $f : \mathbb{R}^2 \to \mathbb{R}^2$ la isometría cuya matriz en la base canónica es

$$A = \begin{pmatrix} 1/2 & -\sqrt{3}/2 \\ \sqrt{3}/2 & 1/2 \end{pmatrix}.$$

Se considera el subespacio U dado por $x - 3y = 0$ y el vector $v = (4, 3) \in \mathbb{R}^2$. Calcular la proyección ortogonal del vector $f(v)$ sobre el subespacio $f(U)$.

1.25 En $\mathbb{R}^3$ se considera el producto escalar g que respecto de la base canónica tiene la siguiente matriz de Gram

$$A = \frac{1}{4} \begin{pmatrix} 3 & -1 & -1 \\ -1 & 3 & -1 \\ -1 & -1 & 3 \end{pmatrix}.$$

(a) Probar que la base $\mathcal{B} = \{(1, 1, 0), (1, 0, 1), (0, 1, 1)\}$ es una base ortonormal de $(\mathbb{R}^3, g)$.

(b) Se considera la aplicación lineal $f \colon \mathbb{R}^3 \to \mathbb{R}^3$ cuya matriz respecto de la base $\mathcal{B}$ es la siguiente:

$$M = \begin{pmatrix} 3/5 & 0 & 4/5 \\ 0 & -1 & 0 \\ 4/5 & 0 & -3/5 \end{pmatrix}.$$

¿Es f una isometría de $(\mathbb{R}^3, g)$? En caso afirmativo clasificarla.

Capítulo 2

Espacios Afines

En los espacios vectoriales el vector cero es esencialmente distinto a los demás: queda fijo por todas las aplicaciones lineales y pertenece a todos los subespacios vectoriales. Sin embargo en el espacio físico que nos rodea no hay puntos mejores que otros: si escogiéramos un origen sería una elección completamente arbitraria.

Por otro lado, en geometría clásica estamos acostumbrados a considerar objetos como rectas y planos que no pasan por ningún punto prefijado, y también a estudiar propiedades entre ellos como el paralelismo.

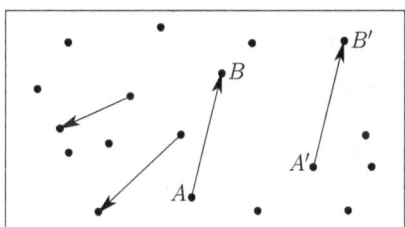

Figura 2.1: Plano afín.

Para que todo ello tenga sentido, vamos a introducir los espacios afines, en los cuales todos los puntos desempeñen un papel equivalente. Los vectores surgirán al considerar pares ordenados de puntos, aunque, como ocurre en $\mathbb{R}^3$, distintos pares ordenados de puntos pueden representar el mismo vector (véase la figura 2.1).

2.1. Definiciones y propiedades básicas

Definición 2.1.1. *Sea $\mathcal{A}$ un conjunto no vacío y V un espacio vectorial sobre $\mathbb{K} = \mathbb{R}$ o $\mathbb{C}$. Diremos que $\mathcal{A}$ es un **espacio afín sobre** V si tenemos definida una aplicación*

$$\varphi \colon \mathcal{A} \times \mathcal{A} \to V$$
$$(A, B) \mapsto \varphi(A, B) = \overrightarrow{AB}$$

que verifica las siguientes propiedades:

(i) Para cada $A \in \mathcal{A}$, la aplicación $\varphi_A \colon \mathcal{A} \to V$, $B \mapsto \overrightarrow{AB}$ es biyectiva (o sea, para cada $A \in \mathcal{A}$ y $v \in V$ existe un único $B \in \mathcal{A}$ tal que $\overrightarrow{AB} = v$).

*(ii) Para cada terna $A, B, C \in \mathcal{A}$ se verifica $\overrightarrow{AB} + \overrightarrow{BC} = \overrightarrow{AC}$ (**identidad de Chasles**).*

A los elementos de $\mathcal{A}$ les llamaremos **puntos**, y diremos que $\overrightarrow{AB}$ es el vector de **origen** el punto A y **extremo** el punto B. Al espacio vectorial V se le denomina **espacio vectorial asociado o subyacente** al espacio afín. La **dimensión del espacio afín** $\mathcal{A}$ es la dimensión del espacio vectorial subyacente V, y se denota $\dim \mathcal{A}$.

Ejemplo 2.1.2. *Sea V un espacio vectorial de dimensión n sobre $\mathbb{K} = \mathbb{R}$ o $\mathbb{C}$ y consideremos $\mathcal{A} = V$, $V = V$ y la aplicación*

$$V \times V \to V$$
$$(v, u) \mapsto \overrightarrow{vu} = u - v.$$

Es fácil verificar las propiedades (i), (ii) de la definición anterior. En efecto:

(i) Fijado $A = u$ y $v \in V$, el punto $B = u + v$ es el único que verifica $\overrightarrow{AB} = (u + v) - u = v$.

(ii) Para cada $A = u$, $B = v$, $C = w$ se tiene $\overrightarrow{AB} + \overrightarrow{BC} = (v - u) + (w - v) = w - u = \overrightarrow{AC}$.

Como caso particular de lo anterior podemos considerar $\mathcal{A} = \mathbb{R}^n$, $V = \mathbb{R}^n$ y la aplicación

$$\mathbb{R}^n \times \mathbb{R}^n \to \mathbb{R}^n$$
$$(A, B) \mapsto \overrightarrow{AB} = (b_1 - a_1, \ldots, b_n - a_n),$$

donde $A = (a_1, \ldots, a_n)$, $B = (b_1, \ldots, b_n)$.

Proposición 2.1.3. *Sean A, B, C, D puntos de un espacio afín $\mathcal{A}$ sobre V. Entonces:*

(1) $\overrightarrow{AB} = 0$ si y sólo si $A = B$.

(2) $\overrightarrow{BA} = -\overrightarrow{AB}$.

*(3) Si $\overrightarrow{AB} = \overrightarrow{CD}$ entonces $\overrightarrow{AC} = \overrightarrow{BD}$ (**regla del paralelogramo**).*

Demostración. (1) Para la implicación hacia la izquierda debemos probar $\overrightarrow{AA} = 0$. Por (ii) aplicado a $A = A$, $B = A$, $C = A$ se tiene $\overrightarrow{AA} + \overrightarrow{AA} = \overrightarrow{AA}$, y, por tanto, $\overrightarrow{AA} = 0$. Para la implicación hacia la derecha, supongamos que $\overrightarrow{AB} = 0 = \overrightarrow{AA}$.

Entonces $\varphi_A(B) = 0 = \varphi_A(A)$, y, por la inyectividad de φ_A (propiedad (i)), se tiene $B = A$.

(2) Basta probar que $\overrightarrow{AB} + \overrightarrow{BA} = 0$. En efecto, por la identidad de Chasles y lo probado en el apartado anterior se tiene:

$$\overrightarrow{AB} + \overrightarrow{BA} = \overrightarrow{AA} = 0.$$

(3) Supongamos que $\overrightarrow{AB} = \overrightarrow{CD}$. Entonces $\overrightarrow{AB} + \overrightarrow{BC} = \overrightarrow{CD} + \overrightarrow{BC}$. Luego, por la identidad de Chasles, $\overrightarrow{AC} = \overrightarrow{BD}$. $\qquad\qquad\square$

2.2.   Sistemas de referencia y coordenadas cartesianas

En esta sección vamos a introducir el concepto de sistema de referencia, que viene a ser el análogo en un espacio afín del concepto de base de un espacio vectorial.

Definición 2.2.1. *Sea $\mathcal{A}$ un espacio afín sobre V de dimensión finita n. Llamamos* **sistema de referencia** *(o* **referencia cartesiana***) de $\mathcal{A}$ a todo par $\mathcal{R} = \{O; \mathcal{B}\}$, donde $O \in \mathcal{A}$ y $\mathcal{B}$ es una base de V. Al punto O se le llama* **origen** *y a $\mathcal{B}$* **base** *del sistema de referencia.*

Definición 2.2.2. *Se definen las* **coordenadas cartesianas** *(o simplemente* **coordenadas***) de un punto $A \in \mathcal{A}$ en el sistema de referencia $\mathcal{R} = \{O; \mathcal{B}\}$ como las componentes del vector $\overrightarrow{OA}$ en la base $\mathcal{B}$. En este caso se escribe $A = (a_1, \ldots, a_n)_{\mathcal{R}}$ para expresar que A tiene coordenadas $(a_1, \ldots, a_n)$ en el sistema de referencia $\mathcal{R}$.*

Sea $\mathcal{R} = \{O; \mathcal{B}\}$ un sistema de referencia de un espacio afín $\mathcal{A}$. Supongamos que los puntos $A, B \in \mathcal{A}$ tienen coordenadas cartesianas $A = (a_1, \ldots, a_n)_{\mathcal{R}}$, $B = (b_1, \ldots, b_n)_{\mathcal{R}}$. Entonces:

$$\overrightarrow{AB} = \overrightarrow{AO} + \overrightarrow{OB} = -\overrightarrow{OA} + \overrightarrow{OB} = (b_1 - a_1, \ldots, b_n - a_n)_{\mathcal{B}}. \tag{2.1}$$

Por otra parte, dado un vector $v = (v_1, \ldots, v_n)_{\mathcal{B}}$ y un punto $A = (a_1, \ldots, a_n)_{\mathcal{R}}$, por la condición (i) de los espacios afines, existe un único punto $B = (b_1, \ldots, b_n)_{\mathcal{R}}$ tal que $v = \overrightarrow{AB}$. Por (2.1) tenemos que

$$(v_1, \ldots, v_n) = (b_1 - a_1, \ldots, b_n - a_n),$$

o equivalentemente:

$$(b_1, \ldots, b_n) = (a_1, \ldots, a_n) + (v_1, \ldots, v_n). \tag{2.2}$$

Notación. Las relaciones (2.1) y (2.2) entre las expresiones en coordenadas de dos puntos A y B y el vector $v = \overrightarrow{AB}$, justifican que se emplee indistintamente las notaciones

$$v = B - A \qquad \text{o} \qquad B = A + v. \tag{2.3}$$

Por tanto, la diferencia de dos puntos está definida y también la suma de un punto más un vector. Pero, lo que **no tiene sentido** es **sumar dos puntos**. En la sección 2.3 veremos que también tiene sentido la *combinación afín de puntos por unos escalares que sumen* 1.

Cambio de sistema de referencia

Vamos ahora a estudiar la relación existente entre las coordenadas de un punto de un espacio afín respecto de sistemas de referencia distintos.

Sea $\mathcal{A}$ un espacio afín sobre V de dimensión finita n. Sean $\mathcal{R} = \{O; \mathcal{B}\}$, $\mathcal{R}' = \{O', \mathcal{B}'\}$ dos sistemas de referencia de $\mathcal{A}$. Sea X un punto arbitrario de $\mathcal{A}$. Entonces se tiene:

$$\overrightarrow{OX} = \overrightarrow{OO'} + \overrightarrow{O'X}. \tag{2.4}$$

Supongamos que las coordenadas de X en $\mathcal{R}$ y $\mathcal{R}'$ son $X = (x_1, \ldots, x_n)_{\mathcal{R}}$ y $X = (x'_1, \ldots, x'_n)_{\mathcal{R}'}$, respectivamente. Esto significa que las componentes de los vectores $\overrightarrow{OX}$ y $\overrightarrow{O'X}$ en las bases $\mathcal{B}$ y $\mathcal{B}'$, respectivamente, son:

$$\overrightarrow{OX} = (x_1, \ldots, x_n)_{\mathcal{B}}, \qquad \overrightarrow{O'X} = (x'_1, \ldots, x'_n)_{\mathcal{B}'}.$$

Sea P la matriz de cambio de base de $\mathcal{B}'$ a $\mathcal{B}$. Entonces las componentes del vector $\overrightarrow{O'X}$ en la base $\mathcal{B}$ se obtienen matricialmente por el producto:

$$P \begin{pmatrix} x'_1 \\ \vdots \\ x'_n \end{pmatrix} \tag{2.5}$$

Supongamos además que las componentes del vector $\overrightarrow{OO'}$ en la base $\mathcal{B}$ son

$$\overrightarrow{OO'} = (a_1, \ldots, a_n)_{\mathcal{B}}. \tag{2.6}$$

Entonces, sustituyendo en (2.4) las expresiones de $\overrightarrow{OO'}$ y de $\overrightarrow{O'X}$ en la base $\mathcal{B}$ se obtiene la siguiente expresión matricial:

$$\begin{pmatrix} x_1 \\ \vdots \\ x_n \end{pmatrix} = \begin{pmatrix} a_1 \\ \vdots \\ a_n \end{pmatrix} + P \begin{pmatrix} x'_1 \\ \vdots \\ x'_n \end{pmatrix}$$

que nos da la **ecuación matricial del cambio de sistema de referencia de** $\mathcal{R}'$ **a** $\mathcal{R}$. La ecuación anterior se puede escribir de forma equivalente como:

$$\begin{pmatrix} 1 \\ x_1 \\ \vdots \\ x_n \end{pmatrix} = \left(\begin{array}{c|ccc} 1 & 0 & \cdots & 0 \\ \hline a_1 & & & \\ \vdots & & P & \\ a_n & & & \end{array} \right) \begin{pmatrix} 1 \\ x'_1 \\ \vdots \\ x'_n \end{pmatrix}.$$

Esta última ecuación para el cambio de sistema de referencia permite hacer el cambio de referencia inverso hallando la inversa de la matriz anterior (obsérvese que el determinante de dicha matriz es el mismo que el de P).

Ejemplo 2.2.3. *Consideremos el espacio afín $\mathcal{A} = \mathbb{R}^2$ sobre $V = \mathbb{R}^2$. Vamos a hallar las ecuaciones de cambio del sistema de referencia*

$$\mathcal{R}' = \{O' = (0,1); \mathcal{B}' = \{v_1 = (1,1), v_2 = (1,0)\}\}$$

al sistema de referencia canónico

$$\mathcal{R} = \{O = (0,0); \mathcal{B} = \{e_1 = (1,0), e_2 = (0,1)\}\}.$$

En primer lugar, como $\overrightarrow{OO'} = (0,1)_\mathcal{B}$ tenemos que $O' = (0,1)_\mathcal{R}$. Por otra parte, la matriz de cambio de base de $\mathcal{B}'$ a $\mathcal{B}$ es

$$P = M(\mathcal{B}' \to \mathcal{B}) = \begin{pmatrix} 1 & 1 \\ 1 & 0 \end{pmatrix}.$$

Por tanto, las ecuaciones de cambio de sistema de referencia de $\mathcal{R}'$ a $\mathcal{R}$ son:

$$\begin{pmatrix} x_1 \\ x_2 \end{pmatrix} = \begin{pmatrix} 0 \\ 1 \end{pmatrix} + \begin{pmatrix} 1 & 1 \\ 1 & 0 \end{pmatrix} \begin{pmatrix} x'_1 \\ x'_2 \end{pmatrix}.$$

Así, un punto A que en el sistema de referencia $\mathcal{R}'$ tenga coordenadas $(x'_1, x'_2)_{\mathcal{R}'} = (2,1)_{\mathcal{R}'}$, en el sistema de referencia canónico $\mathcal{R}$ tendrá coordenadas $(x_1, x_2)_\mathcal{R} = (3,3)_\mathcal{R}$, ya que

$$\begin{pmatrix} x_1 \\ x_2 \end{pmatrix} = \begin{pmatrix} 0 \\ 1 \end{pmatrix} + \begin{pmatrix} 1 & 1 \\ 1 & 0 \end{pmatrix} \begin{pmatrix} 2 \\ 1 \end{pmatrix} = \begin{pmatrix} 3 \\ 3 \end{pmatrix}.$$

Equivalentemente, podemos escribir las ecuaciones del cambio de sistema de referencia de $\mathcal{R}'$ a $\mathcal{R}$ como

$$\begin{pmatrix} 1 \\ x_1 \\ x_2 \end{pmatrix} = \begin{pmatrix} 1 & 0 & 0 \\ 0 & 1 & 1 \\ 1 & 1 & 0 \end{pmatrix} \begin{pmatrix} 1 \\ x'_1 \\ x'_2 \end{pmatrix}.$$

Las ecuaciones del cambio de sistema de referencia de $\mathcal{R}$ a $\mathcal{R}'$ serían

$$\begin{pmatrix} 1 \\ x'_1 \\ x'_2 \end{pmatrix} = \begin{pmatrix} 1 & 0 & 0 \\ -1 & 0 & 1 \\ 1 & 1 & -1 \end{pmatrix} \begin{pmatrix} 1 \\ x_1 \\ x_2 \end{pmatrix}.$$

2.3.   Referencias afines y coordenadas afines

Puntos afínmente independientes

Dados $m+1$ puntos $A_0, A_1, \ldots, A_m$ de un espacio afín $\mathcal{A}$ podemos fijar como origen alguno de ellos, digamos A_i, y considerar los m vectores $\overrightarrow{A_i A_0}, \ldots, \widehat{A_i A_i}, \ldots, \overrightarrow{A_i A_m}$. El siguiente lema muestra que la dependencia o independencia lineal de estos m vectores no depende del origen A_i que se escoja.

Lema 2.3.1. *Los vectores* $\overrightarrow{A_0 A_1}, \ldots, \overrightarrow{A_0 A_m}$ *son linealmente dependientes si y solamente si para cualquier* $i = 0, \ldots, m$ *los vectores* $\overrightarrow{A_i A_0}, \ldots, \widehat{A_i A_i}, \ldots, \overrightarrow{A_i A_m}$ *son linealmente dependientes.*

Demostración.

Fijemos $i \in \{1, \ldots, m\}$. Basta probar que si $\overrightarrow{A_0 A_1}, \ldots, \overrightarrow{A_0 A_m}$ son linealmente dependientes entonces $\overrightarrow{A_i A_0}, \ldots, \widehat{A_i A_i}, \ldots, \overrightarrow{A_i A_m}$ son linealmente dependientes.

Supongamos que existen escalares $\lambda_1, \ldots, \lambda_m$ no todos nulos tales que

$$\lambda_1 \overrightarrow{A_0 A_1} + \cdots + \lambda_i \overrightarrow{A_0 A_i} + \cdots + \lambda_m \overrightarrow{A_0 A_m} = 0. \tag{2.7}$$

Entonces, para cada $j \in \{0, \ldots, m\}$ se tiene por la identidad de Chasles, $\overrightarrow{A_0 A_j} = \overrightarrow{A_0 A_i} + \overrightarrow{A_i A_j} = -\overrightarrow{A_i A_0} + \overrightarrow{A_i A_j}$, y sustituyendo en (2.7) para $j = 1, \ldots, m$ tenemos:

$$\lambda_1(-\overrightarrow{A_i A_0} + \overrightarrow{A_i A_1}) + \cdots + \lambda_i(-\overrightarrow{A_i A_0} + \overrightarrow{A_i A_i}) + \cdots + \lambda_m(-\overrightarrow{A_i A_0} + \overrightarrow{A_i A_m}) = 0.$$

Reagrupando nos queda

$$(-\lambda_1 - \cdots - \lambda_m)\overrightarrow{A_i A_0} + \lambda_1 \overrightarrow{A_i A_1} + \cdots + \lambda_i \overrightarrow{A_i A_i} + \cdots + \lambda_m \overrightarrow{A_i A_m} = 0. \tag{2.8}$$

Si llamamos $\lambda_0 = -(\lambda_1 + \cdots + \lambda_m)$, entonces los m escalares $\lambda_0, \ldots, \widehat{\lambda_i}, \ldots, \lambda_m$, no pueden ser todos nulos, ya que o bien $\lambda_j \neq 0$ para algún $j \in \{1, \ldots, \widehat{i}, \ldots, m\}$, o en caso contrario, $\lambda_0 = -\lambda_i \neq 0$.

Por tanto, en la combinación lineal (2.8) no todos los coeficientes son nulos, de donde se deduce que los vectores $\overrightarrow{A_i A_0}, \ldots, \widehat{A_i A_i}, \ldots, \overrightarrow{A_i A_m}$ son linealmente dependientes.   □

Ahora tiene sentido la siguiente definición.

Definición 2.3.2. *Los puntos* $A_0, A_1, \ldots, A_m$ *de un espacio afín* $\mathcal{A}$ *se dice que son* **afínmente independientes** *(respectivamente* **afínmente dependientes**) *si los vectores* $\overrightarrow{A_0 A_1}, \ldots, \overrightarrow{A_0 A_m}$ *son linealmente independientes (respectivamente linealmente dependientes).*

Ejemplo 2.3.3. *Sea $\mathcal{A}$ un espacio afín de dimensión 3 sobre un espacio vectorial V, y sea $\mathcal{R} = \{O; \mathcal{B}\}$ un sistema de referencia suyo. Veamos si los siguientes puntos son afínmente independientes:*

$$A_0 = (1, -1, 0)_{\mathcal{R}}, \quad A_1 = (2, 1, 1)_{\mathcal{R}}, \quad A_2 = (4, -1, -1)_{\mathcal{R}}, \quad A_3 = (0, 3, 3)_{\mathcal{R}}.$$

Se tiene que $\overrightarrow{A_0A_1} = (1, 2, 1)_{\mathcal{B}}, \quad \overrightarrow{A_0A_2} = (3, 0, -1)_{\mathcal{B}}, \quad \overrightarrow{A_0A_3} = (-1, 4, 3)_{\mathcal{B}}$ *y como*

$$rg \begin{pmatrix} 1 & 2 & 1 \\ 3 & 0 & -1 \\ -1 & 4 & 3 \end{pmatrix} = 2,$$

los puntos A_0, A_1, A_2, A_3 son afínmente dependientes, mientras que los puntos A_0, A_1, A_2 son afínmente independientes.

Referencias afines

Observemos que si la dimensión del espacio afín es n entonces el número máximo de vectores linealmente independientes es n, y, por tanto, el número máximo de puntos afínmente independientes es $n + 1$.

Definición 2.3.4. *Se llama **referencia afín** de un espacio afín $\mathcal{A}$ a un conjunto $\{A_0, A_1, \dots, A_n\}$ formado por $n + 1$ puntos de $\mathcal{A}$ afínmente independientes.*

A cada referencia afín $\{A_0, A_1, \dots, A_n\}$ se le puede asociar una referencia cartesiana del siguiente modo: $\mathcal{R} = \{A_0; \overrightarrow{A_0A_1}, \dots, \overrightarrow{A_0A_n}\}$.

Recíprocamente, a cada referencia cartesiana $\mathcal{R} = \{O; \mathcal{B} = \{v_1, \dots, v_n\}\}$ se le puede asociar una referencia afín del siguiente modo: $\{O, O + v_1, \dots, O + v_n\}$. Se concluye que hay una correspondencia biunívoca entre referencias cartesianas y referencias afines.

Combinaciones afines. Baricentro

Para definir las combinaciones afines de puntos de $\mathcal{A}$ necesitamos observar lo siguiente.

Sea $\mathcal{A}$ un espacio afín sobre un espacio vectorial V y sean $A_1, \dots, A_m$ puntos cualesquiera de $\mathcal{A}$. Sean $\lambda_1, \dots, \lambda_m$ escalares tales que $\sum_{i=1}^{m} \lambda_i = 1$. Fijado un punto $O \in \mathcal{A}$, se considera el punto

$$A = O + \lambda_1 \overrightarrow{OA_1} + \cdots + \lambda_m \overrightarrow{OA_m}.$$

Este punto A es independiente del punto O fijado, es decir, que si tomamos otro punto $O' \in \mathcal{A}$ ocurre que

$$O' + \lambda_1 \overrightarrow{O'A_1} + \cdots + \lambda_m \overrightarrow{O'A_m} = O + \lambda_1 \overrightarrow{OA_1} + \cdots + \lambda_m \overrightarrow{OA_m}.$$

En efecto,

$$O' + \lambda_1 \overrightarrow{O'A_1} + \cdots + \lambda_m \overrightarrow{O'A_m}$$
$$= (O + \overrightarrow{OO'}) + \lambda_1(\overrightarrow{O'O} + \overrightarrow{OA_1}) + \cdots + \lambda_m(\overrightarrow{O'O} + \overrightarrow{OA_m})$$
$$= O + (\overrightarrow{OO'} + \lambda_1\overrightarrow{O'O} + \cdots + \lambda_m\overrightarrow{O'O}) + \lambda_1\overrightarrow{OA_1} + \cdots + \lambda_m\overrightarrow{OA_m}$$
$$= O + \left(\overrightarrow{OO'} + (\textstyle\sum_{i=1}^m \lambda_i)\overrightarrow{O'O}\right) + \lambda_1\overrightarrow{OA_1} + \cdots + \lambda_m\overrightarrow{OA_m}$$
$$= O + \left(\overrightarrow{OO'} + \overrightarrow{O'O}\right) + \lambda_1\overrightarrow{OA_1} + \cdots + \lambda_m\overrightarrow{OA_m}$$
$$= O + \lambda_1\overrightarrow{OA_1} + \cdots + \lambda_m\overrightarrow{OA_m}.$$

Ello nos permite dar la siguiente definición:

Definición 2.3.5. *Se llama* **combinación afín de** m **puntos** $A_1, \ldots, A_m$ *de* $\mathcal{A}$ **mediante unos escalares** $\lambda_1, \ldots, \lambda_m$ **que cumplen** $\sum_{i=1}^m \lambda_i = 1$, *al punto* A, *obtenido por el procedimiento anterior para cualquier punto* $O \in \mathcal{A}$. *Se denota*

$$A = \lambda_1 A_1 + \cdots + \lambda_m A_m.$$

La combinación afín $A = \lambda_1 A_1 + \cdots + \lambda_m A_m$ también se llama **combinación baricéntrica de masas** $\lambda_1, \ldots, \lambda_m$. En particular, cuando $\lambda_i = 1/m$ para todo $i = 1, \ldots, m$, el punto $B = \frac{1}{m}A_1 + \cdots + \frac{1}{m}A_m$ se llama **baricentro de** $A_1, \ldots, A_m$ (véase la figura 2.2).

Obsérvese que si $A_i = (x_{i1}, \ldots, x_{in})_{\mathcal{R}}$, $i = 1, \cdots, m$, con respecto a un sistema de referencia $\mathcal{R} = \{O; \mathcal{B} = \{v_1, \cdots, v_n\}\}$, entonces la combinación baricéntrica de $A_1, \ldots, A_m$ con masas $\lambda_1, \ldots, \lambda_m$, tiene coordenadas

$$A = (\lambda_1 x_{11} + \cdots + \lambda_m x_{m1}, \ldots, \lambda_1 x_{1n} + \cdots + \lambda_m x_{mn})_{\mathcal{R}},$$

puesto que

$$\overrightarrow{OA} = \lambda_1 \overrightarrow{OA_1} + \cdots + \lambda_m \overrightarrow{OA_m} = \lambda_1(x_{11}, \ldots, x_{1n})_{\mathcal{B}} + \cdots + \lambda_m(x_{m1}, \ldots, x_{mn})_{\mathcal{B}}$$
$$= (\lambda_1 x_{11} + \cdots + \lambda_m x_{m1}, \ldots, \lambda_1 x_{1n} + \cdots + \lambda_m x_{mn})_{\mathcal{B}}.$$

En particular, el baricentro de $A_1, \ldots, A_m$ tiene coordenadas

$$B = \left(\frac{x_{11} + \cdots + x_{m1}}{m}, \ldots, \frac{x_{1n} + \cdots + x_{mn}}{m}\right)_{\mathcal{R}}.$$

Ejemplos 2.3.6. *Sea* $\mathcal{A}$ *un espacio afín de dimensión 2 sobre un espacio vectorial real* V *y sea* $\mathcal{R} = \{O; \mathcal{B} = \{v_1, v_2\}\}$ *un sistema de referencia. Entonces se tiene:*

(a) *El baricentro de dos puntos* A_1, A_2 *es el punto medio* M *del segmento* A_1A_2, *es decir, el punto tal que* $\overrightarrow{A_1M} = \overrightarrow{MA_2}$.

   En efecto, si $A_i = (x_i, y_i)_{\mathcal{R}}$, $i = 1, 2$, *se tiene que* $B = \frac{1}{2}A_1 + \frac{1}{2}A_2 = \left(\frac{x_1+x_2}{2}, \frac{y_1+y_2}{2}\right)_{\mathcal{R}}$ *y como* $\overrightarrow{A_1B} = \overrightarrow{BA_2} = \left(\frac{x_2-x_1}{2}, \frac{y_2-y_1}{2}\right)_{\mathcal{B}}$, *se tiene que* $M = B$.

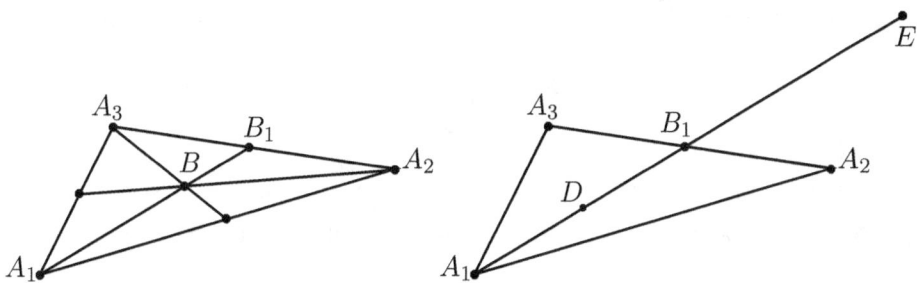

Figura 2.2: B es el baricentro de los puntos A_1, A_2, A_3. B_1 es el baricentro de los puntos A_2, A_3. Además se tienen las combinaciones afines $B = \frac{1}{3}A_1 + \frac{2}{3}B_1$, $D = \frac{1}{2}A_1 + \frac{1}{4}A_2 + \frac{1}{4}A_3$ y $E = -A_1 + A_2 + A_3$.

(b) *El baricentro de tres puntos A_1, A_2, A_3 es el baricentro B del triángulo $A_1A_2A_3$, es decir, el punto donde concurren las tres medianas. Recuérdese que las medianas de un triángulo son las rectas que pasan por un vértice A_i y por el punto medio B_i del lado opuesto. El baricentro cumple además*

$$B = A_i + \frac{2}{3}\overrightarrow{A_iB_i}, \qquad para\ i = 1, 2, 3.$$

En efecto, si $A_i = (x_i, y_i)_{\mathcal{R}}$, $i = 1, 2, 3$, se tiene que

$$B = \left(\frac{x_1 + x_2 + x_3}{3}, \frac{y_1 + y_2 + y_3}{3} \right)_{\mathcal{R}}, \qquad B_1 = \left(\frac{x_2 + x_3}{2}, \frac{y_2 + y_3}{2} \right)_{\mathcal{R}}.$$

Entonces $\overrightarrow{A_1B_1} = \left(\frac{x_2+x_3-2x_1}{2}, \frac{y_2+y_3-2y_1}{2} \right)_{\mathcal{B}}$, *luego*

$$
\begin{aligned}
A_1 + \frac{2}{3}\overrightarrow{A_1B_1} &= \left(x_1 + \frac{x_2 + x_3 - 2x_1}{3}, y_1 + \frac{y_2 + y_3 - 2y_1}{3} \right)_{\mathcal{R}} \\
&= \left(\frac{x_1 + x_2 + x_3}{3}, \frac{y_1 + y_2 + y_3}{3} \right)_{\mathcal{R}} = B,
\end{aligned}
$$

y por simetría lo mismo se cumple para $i = 2, 3$.

Coordenadas afines

Proposición 2.3.7. *Sea $\{A_0, A_1, \dots, A_n\}$ una referencia afín de $\mathcal{A}$. Entonces cada punto $P \in \mathcal{A}$ se escribe de forma única como una combinación afín*

$$P = \lambda_0 A_0 + \lambda_1 A_1 + \cdots + \lambda_n A_n, \quad con \sum_{i=0}^{n} \lambda_i = 1.$$

*En este caso diremos que $\lambda_0, \dots, \lambda_n$ son las **coordenadas afines o baricéntricas** de P respecto de la referencia afín $\{A_0, A_1, \dots, A_n\}$.*

Demostración. Como $\{\overrightarrow{A_0A_1}, \ldots, \overrightarrow{A_0A_n}\}$ es una base de V, existirán $\lambda_1, \ldots, \lambda_n \in \mathbb{R}$ tales que

$$\overrightarrow{A_0P} = \sum_{i=1}^{n} \lambda_i \overrightarrow{A_0A_i}. \tag{2.9}$$

De aquí deducimos que $P = A_0 + \sum_{i=1}^{n} \lambda_i \overrightarrow{A_0A_i} = A_0 + (1 - \sum_{i=1}^{n} \lambda_i) \overrightarrow{A_0A_0} + \sum_{i=1}^{n} \lambda_i \overrightarrow{A_0A_i}$ y, de acuerdo con la definición de combinación afín, obtenemos que

$$P = \left(1 - \sum_{i=1}^{n} \lambda_i\right) A_0 + \lambda_1 A_1 + \cdots + \lambda_n A_n. \tag{2.10}$$

Además esta expresión es única ya que de la igualdad $P = \lambda_0 A_0 + \lambda_1 A_1 + \cdots + \lambda_n A_n$ se obtiene

$$\overrightarrow{A_0P} = \sum_{i=0}^{n} \lambda_i \overrightarrow{A_0A_i} = \sum_{i=1}^{n} \lambda_i \overrightarrow{A_0A_i},$$

estando los $\lambda_1, \ldots, \lambda_n$ completamente determinados, y, en consecuencia, $\lambda_0 = 1 - \sum_{i=1}^{n} \lambda_i$ también.   □

Observación 2.3.8. *Nótese que según las ecuaciones (2.9) y (2.10), podemos afirmar que $\lambda_0, \lambda_1, \ldots, \lambda_n$ son las coordenadas afines de P respecto de la referencia afín $\{A_0, A_1, \ldots, A_n\}$ si y solamente si $\lambda_1, \ldots, \lambda_n$ son las coordenadas cartesianas de P respecto de la referencia cartesiana $\{A_0; \overrightarrow{A_0A_1}, \ldots, \overrightarrow{A_0A_n}\}$ y $\lambda_0 = 1 - \sum_{i=1}^{n} \lambda_i$.*

Ejemplo 2.3.9. *En el espacio afín $\mathcal{A} = \mathbb{R}^2$, los puntos*

$$A_0 = (-1, 2), \ A_1 = (2, 1), \ A_2 = (0, 1)$$

son afínmente independientes puesto que los vectores

$$\overrightarrow{A_0A_1} = (3, -1), \ \overrightarrow{A_0A_2} = (1, -1)$$

son linealmente independientes. Por tanto $\{A_0, A_1, A_2\}$ es una referencia afín.

Calculemos las coordenadas baricéntricas del punto $P = (-1, 3)$ respecto de la referencia afín $\{A_0, A_1, A_2\}$, es decir, calculemos los escalares $\lambda_0, \lambda_1, \lambda_2$ tales que $P = \lambda_0 A_0 + \lambda_1 A_1 + \lambda_2 A_2$ y $\lambda_0 + \lambda_1 + \lambda_2 = 1$.

$$\overrightarrow{A_0P} = \lambda_1 \overrightarrow{A_0A_1} + \lambda_2 \overrightarrow{A_0A_2} \Longleftrightarrow (0, 1) = \lambda_1(3, -1) + \lambda_2(1, -1),$$

o sea

$$\begin{cases} 3\lambda_1 + \lambda_2 = 0 \\ -\lambda_1 - \lambda_2 = 1 \end{cases}$$

Obtenemos, $\lambda_1 = \frac{1}{2}, \lambda_2 = -\frac{3}{2}$ y finalmente, $\lambda_0 = 1 - \lambda_1 - \lambda_2 = 2$. Por tanto, las coordenadas baricéntricas buscadas son $2, \frac{1}{2}, -\frac{3}{2}$, y podemos escribir: $P = 2A_0 + \frac{1}{2}A_1 - \frac{3}{2}A_2$. Obsérvese que la expresión anterior en coordenadas cartesianas es:

$$(-1, 3) = 2(-1, 2) + \frac{1}{2}(2, 1) - \frac{3}{2}(0, 1).$$

2.4. Subespacios afines

En esta sección vamos a estudiar aquellos subconjuntos de un espacio afín $\mathcal{A}$ que heredan de $\mathcal{A}$ una estructura de espacio afín.

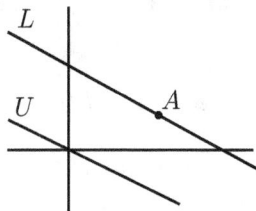

Figura 2.3: Recta afín L, su dirección U y un punto $A \in L$.

Definición 2.4.1. *Sea $\mathcal{A}$ un espacio afín sobre un espacio vectorial V. Un subconjunto L de $\mathcal{A}$ se dice que es un **subespacio afín (o variedad lineal) de $\mathcal{A}$** si existe un punto $A \in L$ tal que el conjunto de vectores*

$$U = \{\overrightarrow{AB} : B \in L\}$$

es un subespacio vectorial de V.

*Cuando A y U cumplen lo anterior, decimos que L es el **subespacio afín que pasa por A y tiene subespacio vectorial subyacente o dirección** U (véase la figura 2.3).*

Por la definición de U, un punto B está en L si y solamente si el vector $\overrightarrow{AB}$ está en U, y como $B = A + \overrightarrow{AB}$, deducimos que

$$B \in L \Longleftrightarrow B = A + u, \text{ con } u \in U.$$

Escribiremos
$$L = A + U = \{A + u : u \in U\}.$$

El punto A no juega un papel relevante en la definición anterior, como probaremos en la proposición 2.4.3.

Ejemplo 2.4.2. *Consideremos $\mathcal{A} = \mathbb{R}^2$ sobre $V = \mathbb{R}^2$. El conjunto*

$$L = \{(x, y) \in \mathbb{R}^2 : x - y = 1\}.$$

contiene al punto $A = (2, 1)$ y se cumple que el conjunto

$$\begin{aligned} U &= \{\overrightarrow{AX} \in \mathbb{R}^2 : X \in L\} = \{(x - 2, y - 1) \in \mathbb{R}^2 : x - y = 1\} \\ &= \{(x, y) \in \mathbb{R}^2 : x - y = 0\} = L((1, 1)) \end{aligned}$$

es un subespacio vectorial de $\mathbb{R}^2$. Por tanto L es el subespacio afín que pasa por el punto $A = (2, 1) \in \mathbb{R}^2$ y tiene dirección $U = L((1, 1))$, y podemos escribir

$$L = (2, 1) + L((1, 1)).$$

Por otra parte, si tomamos el punto $A' = (5, 4) \in L$, observamos que el subespacio

$$\begin{aligned} U' &= \{\overrightarrow{A'X} \in \mathbb{R}^2 : X \in L\} = \{(x - 5, y - 4) \in \mathbb{R}^2 : x - y = 1\} \\ &= \{(x, y) \in \mathbb{R}^2 : x - y = 0\} = L((1, 1)) \end{aligned}$$

coincide con U, por lo que también podemos escribir

$$L = (5, 4) + L((1, 1)).$$

Proposición 2.4.3. *Sea $\mathcal{A}$ un espacio afín sobre un espacio vectorial V. Si L es el subespacio afín de $\mathcal{A}$ que pasa por $A \in L$ y tiene dirección U entonces*

$$U = \{\overrightarrow{A'B} : B \in L\}, \qquad \forall A' \in L.$$

En consecuencia, $L = A' + U$ para todo $A' \in L$.

Demostración.

Sea $A' \in L$. Probemos por doble inclusión que $U = \{\overrightarrow{A'B} : B \in L\}$.

($\subset$) Sea $B \in L$. Como $\overrightarrow{AB} \in U \subset V$ y $A' \in L \subset \mathcal{A}$, por la condición (i) de la definición de espacio afín, existe un único $C \in \mathcal{A}$ tal que $\overrightarrow{A'C} = \overrightarrow{AB} \in U$. Veamos que $C \in L$. Se tiene:

$$\overrightarrow{AC} = \overrightarrow{AA'} + \overrightarrow{A'C} \in U,$$

por ser U un espacio vectorial. Luego $C \in L$ y, por tanto, $\overrightarrow{AB} = \overrightarrow{A'C} \in \{\overrightarrow{A'D} : D \in L\}$.

($\supset$) Sea $B \in L$. Se tiene entonces

$$\overrightarrow{A'B} = \overrightarrow{A'A} + \overrightarrow{AB} = -\overrightarrow{AA'} + \overrightarrow{AB} \in U, \quad \text{ya que } \overrightarrow{AA'}, \overrightarrow{AB} \in U. \qquad \square$$

Ejemplo 2.4.4. *Consideremos $\mathcal{A} = \mathbb{R}^2$ sobre $V = \mathbb{R}^2$. El semiplano*

$$H = \{(x, y) \in \mathbb{R}^2 : y \geq 0\}.$$

no es un subespacio afín de $\mathcal{A}$ ya que para $A = (0, 0) \in H$ se tiene que el conjunto

$$U = \{\overrightarrow{AX} \in \mathbb{R}^2 : X \in H\} = \{(x, y) \in \mathbb{R}^2 : y \geq 0\}$$

no es un subespacio vectorial de $\mathbb{R}^2$.

Corolario 2.4.5. *Sea $\mathcal{A}$ un espacio afín sobre un espacio vectorial V. Si L es un subespacio afín de $\mathcal{A}$ con dirección U entonces L es un espacio afín sobre U.*

Demostración. Por la proposición anterior, la aplicación $L \times L \to U$, $(A, B) \mapsto \overrightarrow{AB}$ está bien definida. Además, (i) fijado $A \in L$ la aplicación $L \to U$, $B \mapsto \overrightarrow{AB}$ es biyectiva, y (ii) $\overrightarrow{AB} + \overrightarrow{BC} = \overrightarrow{AC}$ para todo $A, B, C \in L \subset \mathcal{A}$. $\square$

Definición 2.4.6. *Se define la **dimensión de un subespacio afín** L como la dimensión del subespacio vectorial subyacente U, o sea, su dimensión como espacio afín sobre U.*

Obsérvese que si $\dim L = 0$ entonces L se reduce a un punto.
Se emplean los siguientes nombres:

- Si $\dim L = 1$ se dice que L es una **recta**.

- Si $\dim L = 2$ se dice que L es un **plano**.

- Si $\dim L = n - 1$, con n la dimensión de $\mathcal{A}$, se dice que L es un **hiperplano**.

Observación 2.4.7. *Si L_1 y L_2 son dos subespacios afines que cumplen $L_1 \subset L_2$ y sus dimensiones coinciden entonces la dimensión de sus direcciones también coincide y, por la proposición 2.4.3, podemos afirmar que $L_1 = L_2$.*

Ejemplo 2.4.8. *Imagen inversa de un vector por una aplicación lineal.*
Sean V, V' dos espacios vectoriales de dimensiones finitas sobre el mismo cuerpo $\mathbb{K} = \mathbb{R}$ o $\mathbb{C}$. Sean $\mathcal{A} = V$ y $\mathcal{A}' = V'$ los correspondientes espacios afines sobre V y V', respectivamente. Sea $f: V \to V'$ una aplicación lineal. Entonces para cualquier $v' \in \mathrm{Im} f$ se tiene que $L = f^{-1}(v')$ es un subespacio afín de $\mathcal{A} = V$ con subespacio vectorial subyacente $U = \ker f$ (véase la figura 2.4).

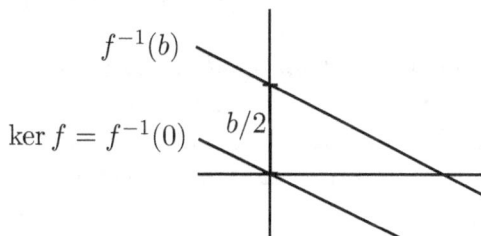

Figura 2.4: Imágenes inversas de la aplicación lineal $f: \mathbb{R}^2 \to \mathbb{R}$, $f(x, y) = x + 2y$.

En efecto, si $v \in L$, o sea si $f(v) = v'$, basta probar que $\{\overrightarrow{vw} : w \in L\} = \ker f$.

($\subset$) Sea $w \in L$. Entonces $\overrightarrow{vw} \in \ker f$, ya que:

$$f(\overrightarrow{vw}) = f(w - v) = f(w) - f(v) = v' - v' = 0.$$

(⊃) Sea $u \in \ker f$. Entonces $w = u + v \in L$, ya que

$$f(w) = f(u + v) = f(u) + f(v) = 0 + v' = v',$$

y $u = (u + v) - v = w - v = \overrightarrow{vw}$.

Ejemplo 2.4.9. *Un caso particular del ejemplo anterior.*
Consideremos un sistema de ecuaciones lineales compatible S, con coeficientes en el cuerpo $\mathbb{K} = \mathbb{R}$ o $\mathbb{C}$:

$$S \equiv \begin{cases} a_{11}x_1 + \cdots + a_{1n}x_n = b_1 \\ \vdots \\ a_{r1}x_1 + \cdots + a_{rn}x_n = b_r. \end{cases} \tag{2.11}$$

Sea $A = (a_{ij})$ la matriz de coeficientes y sea $f \colon \mathbb{K}^n \to \mathbb{K}^r$ la aplicación lineal que tiene matriz A respecto de las bases canónicas de $\mathbb{K}^n$ y $\mathbb{K}^r$ respectivamente, o sea,

$$f(x_1, \ldots, x_n) = (a_{11}x_1 + \cdots + a_{1n}x_n, \ldots, a_{r1}x_1 + \cdots + a_{rn}x_n).$$

Por el ejemplo anterior, como $(b_1, \ldots, b_r) \in \operatorname{Im} f$ por ser el sistema compatible,

$$f^{-1}((b_1, \ldots, b_r)) = \{Soluciones\ del\ sistema\ S\}$$

es un subespacio afín de $\mathbb{K}^n$ con dirección

$$\ker f = \{Soluciones\ del\ sistema\ S_0\},$$

donde S_0 es el sistema homogéneo asociado a S.
   Si $(a_1, \ldots, a_n)$ es una solución particular del sistema S, tenemos:

$$\{Soluciones\ de\ S\} = (a_1, \ldots, a_n) + \{Soluciones\ de\ S_0\}.$$

Como veremos en el siguiente apartado, fijado un sistema de referencia, todo subespacio afín L de un espacio afín cualquiera viene dado como el conjunto de soluciones de un sistema S (ecuaciones cartesianas de L), siendo la dirección U el conjunto de soluciones del sistema homogéneo asociado S_0 (ecuaciones cartesianas de U).

Ecuaciones paramétricas y cartesianas de un subespacio afín respecto de un sistema de referencia

Sea $\mathcal{A}$ un espacio afín sobre V de dimensión finita n. Sea $\mathcal{R} = \{O; \mathcal{B}\}$ un sistema de referencia de $\mathcal{A}$. Consideremos un subespacio afín $L = A + U$ de dimensión r, y sea $\{u_1, \ldots, u_r\}$ una base de U. Supongamos que

$$A = (a_1, \ldots, a_n)_{\mathcal{R}} \quad y \quad u_i = (u_{i1}, \ldots, u_{in})_{\mathcal{B}}, \quad i = 1, \ldots, r.$$

Entonces un punto arbitrario $X = (x_1, \ldots, x_n)_{\mathcal{R}}$ del espacio afín pertenecerá a L si y sólo si $X = A + u$ para algún $u \in U$, esto es, si y solamente si existen escalares $\lambda_1, \ldots, \lambda_r \in \mathbb{K}$, tales que $X = A + \sum_{i=1}^{r} \lambda_i u_i$. En coordenadas:

$$(x_1, \ldots, x_n) = (a_1, \ldots, a_n) + \sum_{i=1}^{r} \lambda_i (u_{i1}, \ldots, u_{in}).$$

Esta condición se traduce en las siguientes **ecuaciones paramétricas de** L:

$$L \equiv \begin{cases} x_1 = a_1 + \lambda_1 u_{11} + \cdots + \lambda_r u_{r1} \\ \vdots \\ x_n = a_n + \lambda_1 u_{1n} + \cdots + \lambda_r u_{rn}. \end{cases}$$

Por otra parte, las **ecuaciones cartesianas** de L son las asociadas a las ecuaciones paramétricas anteriores. Por ejemplo, se pueden obtener imponiendo que los vectores

$$(x_1 - a_1, \ldots, x_n - a_n), \ (u_{11}, \ldots, u_{1n}), \ldots, (u_{r1}, \ldots, u_{rn})$$

sean linealmente dependientes, o, equivalentemente, que

$$\mathrm{rg} \begin{pmatrix} x_1 - a_1 & u_{11} & \cdots & u_{r1} \\ \vdots & \vdots & \ddots & \vdots \\ x_n - a_n & u_{1n} & \cdots & u_{rn} \end{pmatrix} < r + 1.$$

Obsérvese que las ecuaciones cartesianas del subespacio de vectorial subyacente U se obtienen imponiendo la condición

$$\mathrm{rg} \begin{pmatrix} x_1 & u_{11} & \cdots & u_{r1} \\ \vdots & \vdots & \ddots & \vdots \\ x_n & u_{1n} & \cdots & u_{rn} \end{pmatrix} < r + 1.$$

Por tanto si

$$\begin{cases} a_{11}x_1 + \cdots + a_{1n}x_n = b_1 \\ \vdots \\ a_{k1}x_1 + \cdots + a_{kn}x_n = b_k \end{cases} \tag{2.12}$$

son las ecuaciones cartesianas de L, el sistema homogéneo asociado

$$\begin{cases} a_{11}x_1 + \cdots + a_{1n}x_n = 0 \\ \vdots \\ a_{k1}x_1 + \cdots + a_{kn}x_n = 0. \end{cases} \tag{2.13}$$

se corresponde con las ecuaciones cartesianas de U.

Caso particular de una recta

Sea L la recta que pasa por un punto A y tiene dirección $U = L(u)$. Si respecto de un sistema de referencia $\mathcal{R} = \{O; \mathcal{B}\}$ de $\mathcal{A}$ tenemos $A = (a_1, \ldots, a_n)_{\mathcal{R}}$ y $u = (u_1, \ldots, u_n)_{\mathcal{B}}$, entonces las ecuaciones paramétricas de L serían:

$$L \equiv \begin{cases} x_1 = a_1 + \lambda u_1 \\ \vdots \\ x_n = a_n + \lambda u_n \end{cases}$$

Las ecuaciones cartesianas se obtienen de la condición

$$\operatorname{rg} \begin{pmatrix} x_1 - a_1 & u_1 \\ \vdots & \vdots \\ x_n - a_n & u_n \end{pmatrix} < 2.$$

Esta última condición se puede expresar también como

$$\frac{x_1 - a_1}{u_1} = \frac{x_2 - a_2}{u_2} = \cdots = \frac{x_n - a_n}{u_n}, \tag{2.14}$$

siempre que hagamos el convenio de que si $u_i = 0$ entonces $x_i - a_i = 0$. A la ecuación (2.14) se le llama **ecuación continua de la recta.**

Ejemplo 2.4.10. *Consideremos el espacio afín $\mathcal{A} = \mathbb{R}^2$ sobre $V = \mathbb{R}^2$. Las ecuaciones paramétricas de la recta $L = A + U$, donde $A = (1,1)$ y $U = L((-1,1))$, se determinan por:*

$$(x_1, x_2) = (1,1) + \lambda \cdot (-1,1),$$

esto es,

$$\begin{cases} x_1 = 1 - \lambda \\ x_2 = 1 + \lambda. \end{cases}$$

Para las ecuaciones cartesianas basta imponer

$$\operatorname{rg} \begin{pmatrix} x_1 - 1 & -1 \\ x_2 - 1 & 1 \end{pmatrix} < 2, \qquad o \ equivalentemente \qquad \begin{vmatrix} x_1 - 1 & -1 \\ x_2 - 1 & 1 \end{vmatrix} = 0,$$

lo que proporciona la ecuación

$$x_1 + x_2 = 2.$$

Ejemplo 2.4.11. *Sea $\mathcal{A}$ un espacio afín de dimensión 3 sobre un espacio vectorial V. Consideremos el subespacio afín $L = A + U$, tal que para cierto sistema de referencia $\mathcal{R}$ se tiene $A = (1,1,-1)_{\mathcal{R}}$ y*

$$U \equiv \begin{cases} 2x - 5y - 4z = 0 \\ x - 2y + z = 0. \end{cases}$$

Las ecuaciones cartesianas de L han de ser de la forma

$$L \equiv \begin{cases} 2x - 5y - 4z = a \\ x - 2y + z = b. \end{cases}$$

Para determinar los términos independientes a y b usamos que L pasa por $A = (1,1,-1)_{\mathcal{R}}$, esto es, $x = 1$, $y = 1$, $z = -1$ es solución del sistema de ecuaciones anterior. Luego:

$$\begin{cases} 2 - 5 - 4 \cdot (-1) = a \\ 1 - 2 + (-1) = b, \end{cases} \quad \textit{lo que proporciona} \quad a = 1, \ b = -2.$$

Luego las ecuaciones cartesianas de L son:

$$L \equiv \begin{cases} 2x - 5y - 4z = 1 \\ x - 2y + z = -2. \end{cases}$$

Para obtener las ecuaciones paramétricas basta resolver el sistema anterior en función de un parámetro:

$$L \equiv \begin{cases} x = -12 - 13\lambda \\ y = -5 - 6\lambda \\ z = \lambda. \end{cases}$$

2.5. Operaciones con subespacios afines

Intersección de subespacios afines

A diferencia de lo que ocurre con los subespacios vectoriales, la intersección de subespacios afines puede ser vacía. Ahora bien, si la intersección de subespacios afines es no vacía entonces vuelve a ser un subespacio afín. En efecto:

Proposición 2.5.1. *Si $L_i = A_i + U_i$, $i \in I$, es una familia de subespacios afines y $A \in \cap_{i \in I} L_i \neq \emptyset$ entonces*

$$\cap_{i \in I} L_i = A + U, \quad \textit{donde} \quad U = \cap_{i \in I} U_i.$$

Demostración. Como $A \in \cap_{i \in I} L_i$, podemos escribir $L_i = A + U_i$ para todo $i \in I$. Entonces tenemos:

$$\begin{aligned} B \in \cap_{i \in I} L_i \ &\Leftrightarrow \ B \in L_i = A + U_i, \ \forall i \in I \\ &\Leftrightarrow \ \overrightarrow{AB} \in U_i, \ \forall i \in I \\ &\Leftrightarrow \ \overrightarrow{AB} \in \cap_{i \in I} U_i = U \\ &\Leftrightarrow \ B \in A + U \end{aligned}$$

$\square$

Subespacio afín generado por un subconjunto

Gracias al resultado anterior, dado un subconjunto $\mathcal{P}$ de un espacio afín $\mathcal{A}$, la intersección de todos los subespacios afines que contienen a $\mathcal{P}$ (entre los cuales se encuentra $\mathcal{A}$), es también un subespacio afín que contiene a $\mathcal{P}$ y, por consiguiente, es el menor de todos ellos. Tiene por tanto sentido hablar del **menor subespacio afín que contiene a** $\mathcal{P}$.

Definición 2.5.2. *Dado un subconjunto* $\mathcal{P}$ *de un espacio afín* $\mathcal{A}$ *sobre* V *se define el* **subespacio afín generado por** $\mathcal{P}$, $\mathcal{A}(\mathcal{P})$, *como el menor subespacio afín de* $\mathcal{A}$ *que contiene a* $\mathcal{P}$.

Proposición 2.5.3. *El subespacio afín generado por* $\mathcal{P} = \{A_0, \ldots, A_r\} \subset \mathcal{A}$ *es*

$$\mathcal{A}(\mathcal{P}) = A_0 + U, \qquad donde \quad U = L(\overrightarrow{A_0 A_1}, \ldots, \overrightarrow{A_0 A_r}).$$

Demostración. Probemos que $\mathcal{A}(\mathcal{P}) = A_0 + U$ por doble inclusión.

($\subset$) Puesto que los vectores $\overrightarrow{A_0 A_1}, \ldots, \overrightarrow{A_0 A_r}$ pertenecen a U, el conjunto de puntos $\mathcal{P} = \{A_0, \ldots, A_r\}$ está incluido en el subespacio afín $A_0 + U$. Ahora bien, por definición, $\mathcal{A}(\mathcal{P})$ es el menor subespacio afín que contiene a $\mathcal{P}$. Luego $\mathcal{A}(\mathcal{P}) \subset A_0 + U$.

($\supset$) Como $\mathcal{A}(\mathcal{P})$ contiene a $\mathcal{P}$, los vectores $\overrightarrow{A_0 A_1}, \ldots, \overrightarrow{A_0 A_r}$ están contenidos en el subespacio vectorial subyacente a $\mathcal{A}(\mathcal{P})$. Luego, $U = L(\overrightarrow{A_0 A_1}, \ldots, \overrightarrow{A_0 A_r})$ también está incluido en el subespacio vectorial subyacente a $\mathcal{A}(\mathcal{P})$. En conclusión, $A_0 + U \subset \mathcal{A}(\mathcal{P})$. $\square$

Ejemplo 2.5.4. *Sea* $\mathcal{A}$ *un espacio afín de dimensión 3 sobre un espacio vectorial* V, *y sea* $\mathcal{R} = \{O; \mathcal{B}\}$ *un sistema de referencia suyo. Vamos a hallar las ecuaciones del subespacio afín* L *generado por los puntos:*

$$A_0 = (1, -1, 0)_{\mathcal{R}}, \quad A_1 = (2, 1, 1)_{\mathcal{R}}, \quad A_2 = (4, -1, -1)_{\mathcal{R}}, \quad A_3 = (0, 3, 3)_{\mathcal{R}}.$$

Como vimos en el ejemplo 2.3.3, los vectores $\overrightarrow{A_0 A_1}, \overrightarrow{A_0 A_2}$ *son linealmente independientes, mientras que los vectores* $\overrightarrow{A_0 A_1}, \overrightarrow{A_0 A_2}, \overrightarrow{A_0 A_3}$ *son linealmente dependientes por lo que* $L = \mathcal{A}(A_0, A_1, A_2, A_3) = \mathcal{A}(A_0, A_1, A_2) = A_0 + L(\overrightarrow{A_0 A_1}, \overrightarrow{A_0 A_2})$, *donde*

$$\overrightarrow{A_0 A_1} = (1, 2, 1)_{\mathcal{B}}, \qquad \overrightarrow{A_0 A_2} = (3, 0, -1)_{\mathcal{B}}.$$

Por tanto, las ecuaciones paramétricas de L *se obtienen de:*

$$(x_1, x_2, x_3) = (1, -1, 0) + \lambda_1 (1, 2, 1) + \lambda_2 (3, 0, -1),$$

esto es,

$$\begin{cases} x_1 = 1 + \lambda_1 + 3\lambda_2 \\ x_2 = -1 + 2\lambda_1 \\ x_3 = \lambda_1 - \lambda_2. \end{cases}$$

Proposición 2.5.5. *Por $r + 1$ puntos afínmente independientes de un espacio afín pasa un único subespacio afín de dimensión r (véase la figura 2.5).*

Demostración. Consideremos $r + 1$ puntos afínmente independientes $A_0, \ldots, A_r$ de un espacio afín. Es claro que el subespacio afín generado por ellos, esto es

$$L = A_0 + U, \quad \text{donde } U = L(\overrightarrow{A_0 A_1}, \ldots, \overrightarrow{A_0 A_r}),$$

pasa por esos $r + 1$ puntos y tiene dimensión r.

Para ver que es el único, supongamos que $L' = A_0 + U'$ es otro subespacio afín de dimensión r que pasa por esos $r + 1$ puntos. Entonces los vectores $\overrightarrow{A_0 A_1}, \ldots, \overrightarrow{A_0 A_r}$ pertenecen a U', y, por tanto, $U \subset U'$. Ahora bien, $\dim U = \dim U' = r$. Luego $U = U'$, y, por tanto, $L = L'$ (observación 2.4.7). $\square$

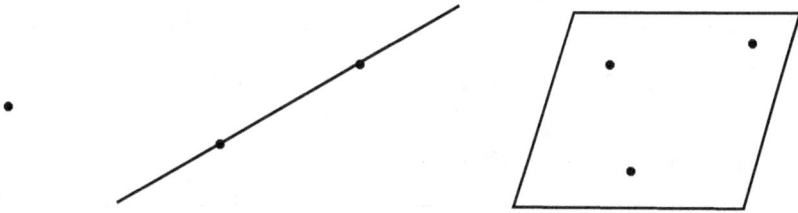

Figura 2.5: Subespacios generados por conjuntos de puntos.

Suma de subespacios afines

Al igual que ocurre con los subespacios vectoriales, la unión de dos subespacios afines no es en general un subespacio afín, pero podemos considerar el menor subespacio afín que los contiene. Esto motiva la siguiente noción de suma de subespacios afines:

Definición 2.5.6. *Sea $\{L_i\}_{i \in I}$ una familia de subespacios afines de un espacio afín $\mathcal{A}$ sobre V. Se define la **suma de los subespacios afines** L_i, $i \in I$ y se denota por $\sum_{i \in I} L_i$, como el menor subespacio afín que contiene a todos los L_i, esto es, el subespacio afín generado por la unión de todos ellos:*

$$\sum_{i \in I} L_i = \mathcal{A}(\cup_{i \in I} L_i).$$

Proposición 2.5.7. *Sean $L_1 = A_1 + U_1$, $L_2 = A_2 + U_2$ dos subespacios afines de un espacio afín $\mathcal{A}$. Entonces:*

$$L_1 + L_2 = A_1 + (L(\overrightarrow{A_1 A_2}) + U_1 + U_2).$$

Demostración. En primer lugar, veamos que $L_1 \cup L_2$ está contenido en el subespacio afín $L = A_1 + (L(\overrightarrow{A_1 A_2}) + U_1 + U_2)$. En efecto, si $P \in L_1 \cup L_2$ entonces o bien $P = A_1 + u_1$ o bien $P = A_2 + u_2$, con $u_i \in U_i, i = 1, 2$. Por tanto:

$$\overrightarrow{A_1 P} = u_1 \in U_1 \quad \text{o} \quad \overrightarrow{A_1 P} = \overrightarrow{A_1 A_2} + \overrightarrow{A_2 P} = \overrightarrow{A_1 A_2} + u_2 \in L(\overrightarrow{A_1 A_2}) + U_2.$$

En ambos casos $P \in L$ y, por tanto, L contiene a $L_1 \cup L_2$.

Por otra parte, cualquier subespacio afín que contenga a $L_1 \cup L_2$ debe contener en su subespacio vectorial subyacente al vector $\overrightarrow{A_1 A_2}$ y a los subespacios vectoriales U_1, U_2. En definitiva, dicho subespacio afín debe contener a L. En conclusión, L es el menor subespacio afín que contiene a $L_1 \cup L_2$ y, por tanto, $L = L_1 + L_2$. $\qquad \square$

Corolario 2.5.8. *Sean $L_1 = A_1 + U_1$, $L_2 = A_2 + U_2$ dos subespacios afines de un espacio afín $\mathcal{A}$. Se tiene que:*

(a) Si $L_1 \cap L_2 \neq \emptyset$ entonces $L_1 + L_2 = A_1 + (U_1 + U_2)$. Además, se verifica que

$$\boxed{\dim(L_1 + L_2) + \dim(L_1 \cap L_2) = \dim L_1 + \dim L_2.}$$

(b) Si $L_1 \cap L_2 = \emptyset$ entonces se verifica que

$$\boxed{\dim(L_1 + L_2) + \dim(U_1 \cap U_2) = \dim L_1 + \dim L_2 + 1.}$$

Demostración.

(a) Puesto que existe $A \in L_1 \cap L_2$, podemos escribir $L_1 = A + U_1$, $L_2 = A + U_2$ y por el resultado anterior, tenemos $L_1 + L_2 = A + (L(\overrightarrow{AA}) + U_1 + U_2) = A + (U_1 + U_2) = A + (U_1 + U_2)$. Para la segunda afirmación basta aplicar la fórmula dimensional para subespacios vectoriales:

$$\begin{aligned} \dim(L_1 + L_2) &= \dim(U_1 + U_2) = \dim U_1 + \dim U_2 - \dim(U_1 \cap U_2) \\ &= \dim L_1 + \dim L_2 - \dim(L_1 \cap L_2). \end{aligned}$$

(b) Puesto que $L_1 \cap L_2 = \emptyset$, tenemos que $\overrightarrow{A_1 A_2} \notin U_1 + U_2$, ya que de lo contrario $\overrightarrow{A_1 A_2} = u_1 + u_2$ con $u_1 \in U_1$, $u_2 \in U_2$, y el punto $A_2 - u_2 = A_1 + u_1$ estaría en la intersección de L_1 y L_2.

En consecuencia $L(\overrightarrow{A_1 A_2}) \cap (U_1 + U_2) = \{0\}$ y por la fórmula dimensional para subespacios vectoriales tenemos:

$$\begin{aligned} \dim(L_1 + L_2) &= \dim((U_1 + U_2) + L(\overrightarrow{A_1 A_2})) \\ &= \dim(U_1 + U_2) + \dim L(\overrightarrow{A_1 A_2}) \\ &= \dim U_1 + \dim U_2 - \dim(U_1 \cap U_2) + 1 \\ &= \dim L_1 + \dim L_2 - \dim(U_1 \cap U_2) + 1. \qquad \square \end{aligned}$$

Las fórmulas anteriores se conocen a veces con el nombre de **fórmulas de Grassmann.**

Ejemplo 2.5.9. *En el espacio afín* $\mathcal{A} = \mathbb{R}^4$ *sobre* $V = \mathbb{R}^4$ *con respecto a un sistema de referencia* $\mathcal{R}$ *consideramos los subespacios afines de ecuaciones:*

$$
L_1 \equiv \left\{ \begin{array}{l} 2x_1 + 3x_2 = 1 \\ x_1 + 3x_3 = -1 \\ x_3 - x_4 = 1 \end{array} \right.
\qquad
L_2 \equiv \left\{ \begin{array}{l} 2x_1 + 3x_2 = 1 \\ x_1 + 3x_3 = 1/2 \\ x_3 - x_4 = 0. \end{array} \right.
$$

La intersección de L_1 *y* L_2 *se obtiene reuniendo las ecuaciones cartesianas de ambos subespacios:*

$$
L_1 \cap L_2 \equiv \left\{ \begin{array}{l} 2x_1 + 3x_2 = 1 \\ x_1 + 3x_3 = -1 \\ x_3 - x_4 = 1 \\ x_1 + 3x_3 = 1/2 \\ x_3 - x_4 = 0. \end{array} \right.
$$

Dado que este sistema es claramente incompatible, resulta que la intersección de estos subespacios afines es vacía.

Para calcular la suma $L_1 + L_2$ *primero pasamos de ecuaciones cartesianas a paramétricas resolviendo ambos sistemas de ecuaciones:*

$$
L_1 \equiv \left\{ \begin{array}{l} x_1 = -1 - 3\lambda \\ x_2 = 1 + 2\lambda \\ x_3 = \lambda \\ x_4 = -1 + \lambda \end{array} \right.
\qquad
L_2 \equiv \left\{ \begin{array}{l} x_1 = 1/2 - 3\lambda \\ x_2 = 2\lambda \\ x_3 = \lambda \\ x_4 = \lambda. \end{array} \right.
\qquad (2.15)
$$

Por tanto,

$$
\begin{array}{l} L_1 = A_1 + U_1 = (-1, 1, 0, -1) + L((-3, 2, 1, 1)) \\ L_2 = A_2 + U_2 = (1/2, 0, 0, 0) + L((-3, 2, 1, 1)). \end{array}
$$

La suma $L_1 + L_2$ *viene dada por la expresión:*

$$
L_1 + L_2 = A_2 + (L(\overrightarrow{A_1 A_2}) + U_1 + U_2).
$$

En definitiva, teniendo en cuenta que

$$
\overrightarrow{A_1 A_2} = (3/2, -1, 0, 1) \quad y \quad U_1 = U_2 = L((-3, 2, 1, 1))
$$

deducimos que

$$
L_1 + L_2 = (1/2, 0, 0, 0) + L((-3, 2, 1, 1), (3, -2, 0, 2)).
$$

Obsérvese que $\dim(U_1 \cap U_2) = 1$ *y como* $L_1 \cap L_2 = \emptyset$ *se cumple la fórmula*

$$
\dim(L_1 + L_2) + \dim(U_1 \cap U_2) = \dim L_1 + \dim L_2 + 1,
$$

en nuestro caso $2+1 = 1+1+1$. *Las ecuaciones cartesianas de* L_1+L_2 *las obtenemos a partir de la condición*

$$\mathrm{rg}\begin{pmatrix} x_1 - 1/2 & -3 & 3 \\ x_2 & 2 & -2 \\ x_3 & 1 & 0 \\ x_4 & 1 & 2 \end{pmatrix} = 2,$$

lo que equivale a

$$\begin{vmatrix} x_1 - 1/2 & -3 & 3 \\ x_2 & 2 & -2 \\ x_3 & 1 & 0 \end{vmatrix} = 0 \quad y \quad \begin{vmatrix} x_2 & 2 & -2 \\ x_3 & 1 & 0 \\ x_4 & 1 & 2 \end{vmatrix} = 0,$$

y resultan las ecuaciones cartesianas

$$L_1 + L_2 \equiv \begin{cases} 2x_1 + 3x_2 = 1 \\ x_2 - 3x_3 + x_4 = 0. \end{cases}$$

Posiciones relativas de dos subespacios afines

Definición 2.5.10. *Dos subespacios afines* $L_1 = A_1 + U_1$ *y* $L_2 = A_2 + U_2$ *de un espacio afín se dice que (véase la figura 2.6):*

- *se cortan si* $L_1 \cap L_2 \neq \emptyset$.

- *son paralelos si* $U_1 \subset U_2$ *o* $U_2 \subset U_1$.

- *se cruzan si* $L_1 \cap L_2 = \emptyset$ *y* $U_1 \not\subset U_2$, $U_2 \not\subset U_1$.

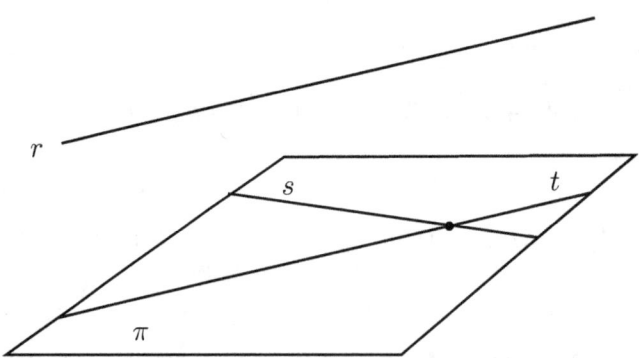

Figura 2.6: Posiciones relativas de rectas y planos: r y s se cruzan; s y t se cortan; r y t son paralelas; r y π son paralelos.

Ejemplo 2.5.11. *Las rectas L_1 y L_2 del ejemplo 2.5.9 son paralelas.*

Ejemplo 2.5.12. *Sea L_3 el hiperplano de $\mathbb{R}^4$ de ecuación $3x_1 - 2x_2 - x_3 - x_4 = 1$. Calculemos la intersección de L_3 con la recta L_1 del ejemplo 2.5.9. Según las ecuaciones paramétricas de L_1 (2.15), los puntos de L_1 son de la forma $(-1 - 3\lambda, 1 + 2\lambda, \lambda, -1 + \lambda)$ y, si además dicho punto pertenece a L_3 ha de cumplir la ecuación cartesiana de L_3, o sea:*

$$3(-1 - 3\lambda) - 2(1 + 2\lambda) - \lambda - (-1 + \lambda) = 1.$$

Obtenemos que $\lambda = 1/3$, y por tanto, $L_1 \cap L_3 = \{(0, 1/3, -1/3, -1/3)\}$. Así pues, la recta L_1 y el hiperplano L_3 se cortan en un punto (véase también el corolario 2.5.14).

Ejemplo 2.5.13. *En el espacio afín $\mathcal{A} = \mathbb{R}^3$ sobre $V = \mathbb{R}^3$ consideramos las siguientes rectas:*

$$L_1 \equiv \begin{cases} x = 2 + \lambda \\ y = -4 + 2\lambda \\ z = 1 - \lambda \end{cases} \qquad L_2 \equiv \begin{cases} x = -1 + \lambda \\ y = \lambda \\ z = 2. \end{cases}$$

Las ecuaciones cartesianas de estas rectas son:

$$L_1 \equiv \begin{cases} 2x - y = 8 \\ x + z = 3 \end{cases} \qquad L_2 \equiv \begin{cases} x - y = -1 \\ z = 2. \end{cases}$$

Como el sistema formado por la reunión de las ecuaciones cartesianas de L_1 y L_2 es incompatible, $L_1 \cap L_2 = \emptyset$. Además, vectores directores de L_1 y L_2 son $(1, 2, -1)$ y $(1, 1, 0)$, respectivamente, que no son proporcionales. Por tanto, L_1 y L_2 se cruzan.

Obsérvese que en este caso, como $\dim U_1 \cap U_2 = 0$, se deduce de la fórmula de las dimensiones para el caso $L_1 \cap L_2 = \emptyset$ (corolario 2.5.8 (b)):
$\dim(L_1 + L_2) = \dim L_1 + \dim L_2 + 1 = 3$, es decir, $L_1 + L_2 = \mathbb{R}^3$.

De las fórmulas de Grassmann se pueden deducir diversas propiedades sobre las posiciones relativas de dos subespacios. Como ejemplo tenemos el siguiente corolario y, más adelante, la proposición 3.2.4.

Corolario 2.5.14. *Sean $L_1 = A_1 + U_1$ una recta y $L_2 = A_2 + U_2$ un hiperplano de un espacio afín $\mathcal{A}$. Si L_1 y L_2 no son paralelos entonces se cortan en un punto.*

Demostración. En primer lugar observemos que como L_1 y L_2 no son paralelos y $\dim L_1 = \dim U_1 = 1$, entonces $U_1 \cap U_2 = \{0\}$. Además, $\dim(L_1 + L_2) \geq \dim(U_1 + U_2) = \dim U_1 + \dim U_2 = \dim \mathcal{A}$, por lo que $\dim(L_1 + L_2) = \dim \mathcal{A}$, o sea, $L_1 + L_2 = \mathcal{A}$. Supongamos por reducción al absurdo que $L_1 \cap L_2 = \emptyset$. Entonces por la fórmula de Grassmann correspondiente tendríamos

$$\dim(L_1 + L_2) + 0 = \dim L_1 + \dim L_2 + 1 \iff \dim \mathcal{A} = \dim \mathcal{A} + 1,$$

lo cual es imposible. Por tanto se ha de cumplir que $L_1 \cap L_2 \neq \emptyset$ y en este caso, por la fórmula de Grassmann correspondiente, tenemos que

$$\dim(L_1 + L_2) + \dim(L_1 \cap L_2) = \dim L_1 + \dim L_2$$
$$\Longleftrightarrow \dim \mathcal{A} + \dim(L_1 \cap L_2) = \dim \mathcal{A},$$

de donde $\dim(L_1 \cap L_2) = 0$ y, por tanto, $L_1 \cap L_2$ se reduce a un punto. $\square$

2.6. Aplicaciones afines: definición y propiedades

En esta y en las siguientes secciones vamos a estudiar las *aplicaciones afines entre espacios afines*, las cuales desempeñan un papel análogo al de las aplicaciones lineales entre espacios vectoriales. Son las aplicaciones que respetan la estructura afín y puesto que los espacios afines tienen una estructura lineal subyacente, es natural pensar que las aplicaciones afines han de estar relacionadas con aplicaciones lineales entre los espacios vectoriales subyacentes (véase la figura 2.7).

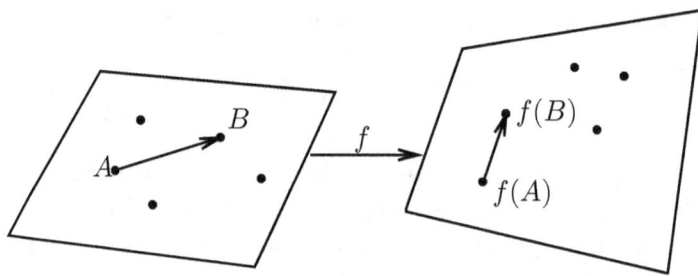

Figura 2.7: Aplicación entre dos espacios afines.

Definición 2.6.1. *Sean $\mathcal{A}$, $\mathcal{A}'$ espacios afines sobre sendos espacios vectoriales V, V', ambos sobre el mismo cuerpo $\mathbb{K}$. Se dice que una aplicación $f \colon \mathcal{A} \to \mathcal{A}'$ es una* **aplicación afín** *si existe un punto $O \in \mathcal{A}$ tal que la aplicación*

$$\overline{f} \colon \begin{array}{l} V \to V' \\ \overrightarrow{OX} \mapsto \overrightarrow{f(O)f(X)} \end{array}$$

es una aplicación lineal.

Obsérvese que en la situación anterior, la imagen del punto O junto con la aplicación lineal $\overline{f}$ determinan la imagen por f de cualquier punto X:

$$\boxed{f(X) = f(O) + \overrightarrow{f(O)f(X)} = f(O) + \overline{f}(\overrightarrow{OX}).} \qquad (2.16)$$

El siguiente resultado muestra que si $f\colon \mathcal{A} \to \mathcal{A}'$ es una aplicación afín entonces la aplicación $\overline{f}\colon V \to V'$ no depende del punto $O \in \mathcal{A}$ elegido para definirla. En consecuencia, $\overline{f}$ se llamará simplemente **aplicación lineal asociada a f** o **aplicación lineal subyacente de f** sin hacer referencia al punto O.

Proposición 2.6.2. *Sea $f\colon \mathcal{A} \to \mathcal{A}'$ una aplicación afín con aplicación lineal asociada $\overline{f}\colon V \to V'$ respecto de un punto $O \in \mathcal{A}$. Entonces se verifica:*

$$\boxed{\overline{f}(\overrightarrow{AB}) = \overrightarrow{f(A)f(B)}, \quad \forall\, A, B \in \mathcal{A}.}$$

Demostración. Observemos que

$$\overrightarrow{AB} = \overrightarrow{AO} + \overrightarrow{OB} = -\overrightarrow{OA} + \overrightarrow{OB}.$$

Por tanto, usando que $\overline{f}$ es lineal, se tiene

$$\begin{aligned}
\overline{f}(\overrightarrow{AB}) &= \overline{f}(-\overrightarrow{OA} + \overrightarrow{OB}) = -\overline{f}(\overrightarrow{OA}) + \overline{f}(\overrightarrow{OB}) = -\overrightarrow{f(O)f(A)} + \overrightarrow{f(O)f(B)} \\
&= \overrightarrow{f(A)f(B)}. \hspace{6cm} \square
\end{aligned}$$

Ejemplos 2.6.3.

(a) *La aplicación identidad $Id\colon \mathcal{A} \to \mathcal{A}$, $X \mapsto X$ es una aplicación afín. En efecto, para cualquier $O \in \mathcal{A}$ se tiene que la aplicación*

$$\begin{aligned}
\overline{Id}\colon\ & V \to V \\
& \overrightarrow{OX} \mapsto \overrightarrow{Id(O)Id(X)} = \overrightarrow{OX}
\end{aligned}$$

es lineal, ya que se trata de la aplicación identidad.

(b) Traslación por un vector v. *Sea $\mathcal{A}$ un espacio afín sobre un espacio vectorial V. Fijado un vector $v \in V$ definimos la **traslación de vector v** como la aplicación de $\mathcal{A}$ en sí mismo dada por*

$$\begin{aligned}
t_v\colon\ & \mathcal{A} \to \mathcal{A} \\
& X \mapsto X + v.
\end{aligned}$$

Veamos que se trata de una aplicación afín. Fijado cualquier $O \in \mathcal{A}$, se tiene que

$$\overline{t_v}(\overrightarrow{OX}) = \overrightarrow{t_v(O)t_v(X)} = \overrightarrow{(O+v)(X+v)} = (X+v) - (O+v) = X - O = \overrightarrow{OX}.$$

En consecuencia, $\overline{t_v}$ es la aplicación identidad y, por tanto, es lineal.

(c) Sea $\mathcal{A}$ el espacio afín $\mathbb{R}^3$ sobre $V = \mathbb{R}^3$. Consideremos la aplicación

$$f\colon \mathbb{R}^3 \to \mathbb{R}^3, \qquad f(x_1, x_2, x_3) = (x_1 - 2x_2 + 3, 2x_1 - x_3 - 1, 3x_2 + x_3).$$

Tomemos $O = (0,0,0) \in \mathbb{R}^3$. Entonces $f(O) = f(0,0,0) = (3, -1, 0)$. Así,

$$\overrightarrow{OX} = (x_1, x_2, x_3), \ \ \overrightarrow{f(O)f(X)} = f(X) - f(O) = (x_1 - 2x_2, 2x_1 - x_3, 3x_2 + x_3).$$

Por tanto, tenemos que la aplicación asociada a f, $\overline{f}\colon \mathbb{R}^3 \to \mathbb{R}^3$, está dada por

$$\overline{f}(x_1, x_2, x_3) = (x_1 - 2x_2, 2x_1 - x_3, 3x_2 + x_3),$$

que es una aplicación lineal.

Determinación de una aplicación afín

Proposición 2.6.4. *Sean $\mathcal{A}$, $\mathcal{A}'$ dos espacios afines y $\varphi\colon V \to V'$ una aplicación lineal entre los correspondientes espacios vectoriales asociados. Dados $A \in \mathcal{A}$, $A' \in \mathcal{A}'$ existe una única aplicación afín $f\colon \mathcal{A} \to \mathcal{A}'$ tal que $f(A) = A'$ y $\overline{f} = \varphi$.*

Demostración. Las condiciones $f(A) = A'$ y $\overline{f} = \varphi$ determinan completamente la definición de f:

$$f(X) = f(A) + \overrightarrow{f(A)f(X)} = f(A) + \overline{f}(\overrightarrow{AX}) = A' + \varphi(\overrightarrow{AX}),$$

que obviamente es una aplicación afín.   □

El resultado anterior nos dice que para determinar una aplicación afín basta dar la imagen de un punto y una aplicación lineal. La siguiente proposición nos da otra forma equivalente de determinarla: dando las imágenes de $n + 1$ puntos afínmente independientes.

Corolario 2.6.5. *Sean $\mathcal{A}$, $\mathcal{A}'$ dos espacios afines con $\dim \mathcal{A} = n$. Sean $A_0, \ldots, A_n$ $n+1$ puntos afínmente independientes de $\mathcal{A}$ y $A'_0, \ldots, A'_n$ $n+1$ puntos cualesquiera de $\mathcal{A}'$. Entonces existe una única aplicación afín $f\colon \mathcal{A} \to \mathcal{A}'$ con $f(A_i) = A'_i$ para todo $i = 0, \ldots, n$.*

Demostración. Para la existencia sea $f\colon \mathcal{A} \to \mathcal{A}'$ la única aplicación afín con $f(A_0) = A'_0$, cuya aplicación lineal asociada $\overline{f}\colon V \to V'$ verifica $\overline{f}(\overrightarrow{A_0A_i}) = \overrightarrow{A'_0A'_i}$ para todo $i = 1, \ldots, n$. Obsérvese que al ser $A_0, \ldots, A_n$ afínmente independientes, los vectores $\overrightarrow{A_0A_1}, \ldots, \overrightarrow{A_0A_n}$ forman una base de V, por lo que $\overline{f}$ está completamente determinada. Además,

$$f(A_i) = f(A_0) + \overline{f}(\overrightarrow{A_0A_i}) = A'_0 + \overrightarrow{A'_0A'_i} = A'_i \ \ \forall\, i = 1, \ldots, n.$$

Para la unicidad observemos que si $g(A_i) = A'_i$ para todo $i = 0, \ldots, n$ entonces $\overline{g}$ debe coincidir con $\overline{f}$ (ya que $\overline{g}(\overrightarrow{A_0A_i}) = \overrightarrow{g(A_0)g(A_i)} = \overrightarrow{A'_0A'_i} \ \forall i = 1, \ldots, n$), y, por la proposición anterior, también g debe coincidir con f.   □

Ejemplo 2.6.6. *En el espacio afín $\mathbb{R}^2$ los puntos $A_0 = (0,1), A_1 = (1,1), A_2 = (1,2)$ son afínmente independientes, ya que $\overrightarrow{A_0 A_1} = (1,0)$ y $\overrightarrow{A_0 A_2} = (1,1)$ son linealmente independientes. Por tanto está completamente determinada la aplicación afín $f \colon \mathbb{R}^2 \to \mathbb{R}^3$ tal que*

$$f(A_0) = (1,0,1), f(A_1) = (1,1,0), f(A_2) = (2,0,1).$$

Observemos que la base canónica de $\mathbb{R}^2$, $\{e_1, e_2\}$, viene dada en función de los vectores $\overrightarrow{A_0 A_1} = (1,0), \overrightarrow{A_0 A_2} = (1,1)$ por

$$\begin{aligned} e_1 &= \overrightarrow{A_0 A_1} \\ e_2 &= -\overrightarrow{A_0 A_1} + \overrightarrow{A_0 A_2}. \end{aligned}$$

Por tanto la aplicación lineal asociada a f es

$$\begin{aligned} \overline{f}(x_1, x_2) &= \overline{f}(x_1 \overrightarrow{A_0 A_1} + x_2(-\overrightarrow{A_0 A_1} + \overrightarrow{A_0 A_2})) = (x_1 - x_2)\overline{f}(\overrightarrow{A_0 A_1}) + x_2 \overline{f}(\overrightarrow{A_0 A_2}) \\ &= (x_1 - x_2)\overline{f(A_0)f(A_1)} + x_2 \overline{f(A_0)f(A_2)} = (x_2, x_1 - x_2, -x_1 + x_2). \end{aligned}$$

De aquí deducimos que

$$f(x_1, x_2) = f(0,0) + \overline{f}(x_1, x_2) = f(0,0) + (x_2, x_1 - x_2, -x_1 + x_2).$$

Usando la ecuación anterior para $(x_1, x_2) = (0,1) = A_0$, deducimos que $f(0,0) = f(0,1) - \overline{f}(0,1) = (1,0,1) - (1 - 1, 1) = (0,1,0)$. Por tanto,

$$f(x_1, x_2) = (x_2, x_1 - x_2 + 1, -x_1 + x_2).$$

Propiedades de las aplicaciones afines

Proposición 2.6.7. *La composición de dos aplicaciones afines es una aplicación afín.*

Demostración. Sean $f \colon \mathcal{A} \to \mathcal{A}'$, $g \colon \mathcal{A}' \to \mathcal{A}''$ dos aplicaciones afines. Entonces:

$$\overline{g \circ f}(\overrightarrow{OX}) = \overline{g(f(O))g(f(X))} = \overline{g}(\overrightarrow{f(O)f(X)}) = \overline{g} \circ \overline{f}(\overrightarrow{OX}),$$

es decir, $\overline{g \circ f} = \overline{g} \circ \overline{f}$. Como $\overline{g}, \overline{f}$ son lineales, también lo es $\overline{g \circ f}$. Luego $g \circ f$ es una aplicación afín. $\qquad \square$

Proposición 2.6.8. *Sea f una aplicación afín con aplicación lineal asociada $\overline{f}$. Entonces:*

(a) *f es inyectiva si y sólo si $\overline{f}$ es inyectiva.*

(b) *f es sobreyectiva si y sólo si $\overline{f}$ es sobreyectiva.*

(c) f es biyectiva si y sólo si $\overline{f}$ es biyectiva. Además, en este caso, $f^{-1}\colon \mathcal{A}' \to \mathcal{A}$ también es afín y su aplicación lineal asociada es $\overline{f}^{-1}\colon V' \to V$.

Demostración.

(a) Es consecuencia de la siguiente equivalencia:

$$f(A) = f(B) \Longleftrightarrow \overrightarrow{f(A)f(B)} = 0 \Longleftrightarrow \overline{f}(\overrightarrow{AB}) = 0.$$

(b) Fijemos $O \in \mathcal{A}$. El resultado es consecuencia de la siguiente equivalencia:

$$f(X) = Y \Longleftrightarrow \overrightarrow{f(O)f(X)} = \overrightarrow{f(O)Y} \Longleftrightarrow \overline{f}(\overrightarrow{OX}) = \overrightarrow{f(O)Y}.$$

(c) La primera parte es consecuencia de (a) y (b). Para la segunda parte, basta comprobar que

$$\overline{f}^{-1}(\overrightarrow{A'B'}) = \overrightarrow{f^{-1}(A')f^{-1}(B')} \quad \text{para todo } A', B' \in \mathcal{A}'.$$

Pero esto se sigue inmediatamente de lo siguiente:

$$\overline{f}(\overrightarrow{f^{-1}(A')f^{-1}(B')}) = \overrightarrow{f(f^{-1}(A'))f(f^{-1}(B'))} = \overrightarrow{A'B'}. \qquad \square$$

Definición 2.6.9. *Llamamos* **isomorfismo (afín)** *a toda aplicación afín biyectiva. Si existe algún isomorfismo entre dos espacios afines entonces se dice que esos espacios son* **isomorfos.**

Definición 2.6.10. *Una aplicación afín de un espacio afín en sí mismo recibe el nombre de* **transformación afín.** *Si, además, se trata de un isomorfismo, entonces se llama* **afinidad.**

Corolario 2.6.11. *Dos espacios afines (sobre el mismo cuerpo), ambos de dimensión finita, son isomorfos si y solamente si tienen la misma dimensión.*

Demostración. La implicación a la derecha es inmediata. Para la implicación a la izquierda, consideremos dos espacios afines $\mathcal{A}$, $\mathcal{A}'$ sobre V, V', respectivamente, tales que $\dim \mathcal{A} = \dim \mathcal{A}'$. Entonces V y V' tienen también la misma dimensión, luego existe un isomorfimo (lineal) $\varphi\colon V \to V'$. Ahora bien, fijados $A \in \mathcal{A}$, $A' \in \mathcal{A}'$ existe una aplicación afín $f\colon \mathcal{A} \to \mathcal{A}'$ tal que $f(A) = A'$ y $\overline{f} = \varphi$. Luego f es un isomorfismo afín, y, por tanto, $\mathcal{A}$, $\mathcal{A}'$ son isomorfos. $\qquad \square$

El siguiente resultado muestra que la imagen por una aplicación afín de un subespacio afín es un subespacio afín. Asimismo, la imagen inversa por una aplicación afín de subespacio afín, si es no vacía, es un subespacio afín.

Proposición 2.6.12. *Sea* $f\colon \mathcal{A} \to \mathcal{A}'$ *una aplicación afín con aplicación lineal asociada* $\overline{f}\colon V \to V'$.

(1) Si $A + U$ *es un subespacio afín de* $\mathcal{A}$ *entonces*

$$\boxed{f(A + U) = f(A) + \overline{f}(U).}$$

(2) Si $A' + U'$ *es un subespacio afín de* $\mathcal{A}'$ *y* $A \in f^{-1}(A' + U')$ *entonces*

$$\boxed{f^{-1}(A' + U') = A + \overline{f}^{-1}(U').}$$

Demostración. (1) Basta observar la siguiente equivalencia:

$$A' \in f(A + U) \Leftrightarrow A' = f(A + u) = f(A) + \overline{f}(u) \in f(A) + \overline{f}(U).$$

(2) Como suponemos $A \in f^{-1}(A' + U')$, sea $f(A) = A' + u'$, $u' \in U'$. Para todo $B \in \mathcal{A}$,

$$f(B) = f(A) + \overline{f}(\overrightarrow{AB}) = A' + u' + \overline{f}(\overrightarrow{AB}).$$

Por tanto,

$$f(B) \in A' + U' \Leftrightarrow \overline{f}(\overrightarrow{AB}) \in U' \Leftrightarrow \overrightarrow{AB} \in \overline{f}^{-1}(U') \Leftrightarrow B \in A + \overline{f}^{-1}(U'). \qquad \square$$

Puesto que $\mathrm{Im}(f) = f(O) + \mathrm{Im}(\overline{f})$ para cualquier $O \in \mathcal{A}$, obtenemos, como consecuencia de la proposición anterior, el siguiente resultado.

Corolario 2.6.13. *Sea* $f\colon \mathcal{A} \to \mathcal{A}'$ *una aplicación afín con aplicación lineal asociada* $\overline{f}\colon V \to V'$. *Entonces* $\mathrm{Im}(f)$ *es un subespacio afín de* $\mathcal{A}'$ *cuya dimensión coincide con el rango de* $\overline{f}$.

Ejemplo 2.6.14. *Consideremos la aplicación* $f\colon \mathbb{R}^3 \to \mathbb{R}^2$ *dada por*

$$f(x_1, x_2, x_3) = (x_2 + x_3 + 2, x_1),$$

que es la aplicación afín que transforma el punto $(0,0,0)$ *en el punto* $(2,0)$ *y cuya aplicación lineal subyacente es* $\overline{f}(x_1, x_2, x_3) = (x_2 + x_3, x_1)$.
Por tanto tenemos

- $\mathrm{Im}(f) = (2,0) + L(\overline{f}(1,0,0), \overline{f}(0,1,0), \overline{f}(0,0,1)) = (2,0) + L((0,1),(1,0)) = \mathbb{R}^2$, *luego* f *es sobreyectiva.*

- *Consideremos el subespacio afín* $L \equiv \begin{cases} x_1 & = 1 + \lambda \\ x_2 & = -1 \\ x_3 & = 3\lambda \end{cases}$. *Puesto que* L *es el subespacio que pasa por* $(1, -1, 0)$ *y tiene dirección* $L((1,0,3))$, *sabemos por la proposición anterior que*

$$f(L) = f(1, -1, 0) + \overline{f}(L((1,0,3))) = (1,1) + L((3,1)).$$

- *Calculemos por último la imagen inversa del subespacio afín $L' = \{(2,2)\}$. Tomemos el punto $(2,0,0)$ que está en la preimagen de $(2,2)$. Según la proposición anterior, sabemos que*

$$f^{-1}(L') = (2,0,0) + \overline{f}^{-1}(\{(0,0,0)\}) = (2,0,0) + \ker \overline{f} = (2,0,0) + L((0,1,-1)).$$

Expresión matricial de una aplicación afín

Sean $\mathcal{A}$, $\mathcal{A}'$ dos espacios afines de dimensiones n y m, respectivamente. Consideremos un sistema de referencia $\mathcal{R} = \{O; \mathcal{B}\}$ de $\mathcal{A}$ y otro $\mathcal{R}' = \{O'; \mathcal{B}'\}$ de $\mathcal{A}'$. Como ya sabemos, una aplicación afín $f \colon \mathcal{A} \to \mathcal{A}'$ quedaría determinada dando la imagen de O, junto con su aplicación lineal asociada $\overline{f}$, de la siguiente forma:

$$f(X) = f(O) + \overline{f}(\overrightarrow{OX}) \quad \text{para todo } X \in \mathcal{A}.$$

o equivalentemente,

$$\overrightarrow{f(O)f(X)} = \overline{f}(\overrightarrow{OX}) \quad \text{para todo } X \in \mathcal{A}. \tag{2.17}$$

Supongamos conocidas las coordenadas de $f(O)$ en $\mathcal{R}'$ así como la matriz asociada a $\overline{f}$ en las bases $\mathcal{B}$ y $\mathcal{B}'$, esto es:

$$f(O) = (c_1, \ldots, c_m)_{\mathcal{R}'}, \qquad M_{\mathcal{B}\mathcal{B}'}(\overline{f}) = (a_{ij})_{ij} \in \mathcal{M}_{m \times n}(\mathbb{R}).$$

Sea X un punto arbitrario de $\mathcal{A}$, y llamemos

$$X = (x_1, \ldots, x_n)_{\mathcal{R}} \quad \text{y} \quad f(X) = (y_1, \ldots, y_m)_{\mathcal{R}'}.$$

Esto significa que

$$\overrightarrow{OX} = (x_1, \ldots, x_n)_{\mathcal{B}} \quad \text{y} \quad \overrightarrow{f(O)f(X)} = (y_1 - c_1, \ldots, y_m - c_m)_{\mathcal{B}'},$$

por lo que sustituyendo en la ecuación (2.17) obtenemos

$$\begin{pmatrix} y_1 - c_1 \\ \vdots \\ y_m - c_m \end{pmatrix} = \begin{pmatrix} a_{11} & \cdots & a_{1n} \\ \vdots & \ddots & \vdots \\ a_{m1} & \cdots & a_{mn} \end{pmatrix} \begin{pmatrix} x_1 \\ \vdots \\ x_n \end{pmatrix},$$

de donde se obtiene la llamada **expresión matricial de la aplicación afín** f **respecto de los sistemas de referencia** $\mathcal{R}$ **y** $\mathcal{R}'$:

$$\begin{pmatrix} y_1 \\ \vdots \\ y_m \end{pmatrix} = \begin{pmatrix} c_1 \\ \vdots \\ c_m \end{pmatrix} + \begin{pmatrix} a_{11} & \cdots & a_{1n} \\ \vdots & \ddots & \vdots \\ a_{m1} & \cdots & a_{mn} \end{pmatrix} \begin{pmatrix} x_1 \\ \vdots \\ x_n \end{pmatrix}. \tag{2.18}$$

Una expresión alternativa, equivalente a la anterior, es la denominada **expresión matricial simplificada**:

$$
\begin{pmatrix} 1 \\ y_1 \\ \vdots \\ y_m \end{pmatrix} = \begin{pmatrix} 1 & 0 & \cdots & 0 \\ c_1 & a_{11} & \cdots & a_{1n} \\ \vdots & \vdots & \ddots & \vdots \\ c_m & a_{m1} & \cdots & a_{mn} \end{pmatrix} \begin{pmatrix} 1 \\ x_1 \\ \vdots \\ x_n \end{pmatrix}. \tag{2.19}
$$

Conviene señalar que si $n = m$ y f es un isomorfismo afín (y, por tanto, $\overline{f}$ un isomorfismo lineal) entonces la matriz $M_{\mathcal{B},\mathcal{B}'}(\overline{f})$ es regular. En particular, la representación matricial de f^{-1} puede obtenerse despejando en (2.18), esto es,

$$
\begin{pmatrix} x_1 \\ \vdots \\ x_n \end{pmatrix} = \begin{pmatrix} a_{11} & \cdots & a_{1n} \\ \vdots & \ddots & \vdots \\ a_{n1} & \cdots & a_{nn} \end{pmatrix}^{-1} \left[\begin{pmatrix} y_1 \\ \vdots \\ y_n \end{pmatrix} - \begin{pmatrix} c_1 \\ \vdots \\ c_n \end{pmatrix} \right]
$$

o bien despejando en (2.19), esto es,

$$
\begin{pmatrix} 1 \\ x_1 \\ \vdots \\ x_n \end{pmatrix} = \begin{pmatrix} 1 & 0 & \cdots & 0 \\ c_1 & a_{11} & \cdots & a_{1n} \\ \vdots & \vdots & \ddots & \vdots \\ c_n & a_{n1} & \cdots & a_{nn} \end{pmatrix}^{-1} \begin{pmatrix} 1 \\ y_1 \\ \vdots \\ y_n \end{pmatrix}.
$$

Ejemplos 2.6.15.

(a) *Para obtener la expresión matricial de una traslación t_v en un espacio afín $\mathcal{A}$ de dimensión finita n, consideremos una referencia cartesiana $\mathcal{R} = \{O; \mathcal{B}\}$. Supongamos que $v = (v_1, \ldots, v_n)_{\mathcal{B}}$. Como $O = (0, \ldots, 0)_{\mathcal{R}}$ se tiene*

$$
f(O) = O + v = (v_1, \ldots, v_n)_{\mathcal{R}}.
$$

Además, como $\overline{t_v} = Id$, $M_{\mathcal{B}\mathcal{B}}(\overline{t_v}) = I$. Por tanto:

$$
\begin{pmatrix} y_1 \\ \vdots \\ y_n \end{pmatrix} = \begin{pmatrix} v_1 \\ \vdots \\ v_n \end{pmatrix} + \begin{pmatrix} 1 & \cdots & 0 \\ \vdots & \ddots & \vdots \\ 0 & \cdots & 1 \end{pmatrix} \begin{pmatrix} x_1 \\ \vdots \\ x_n \end{pmatrix}.
$$

(b) *Consideremos la aplicación afín $f \colon \mathbb{R}^3 \to \mathbb{R}^3$ del ejemplo 2.6.3(c):*

$$
f(x_1, x_2, x_3) = (x_1 - 2x_2 + 3, 2x_1 - x_3 - 1, 3x_2 + x_3).
$$

Si consideramos el sistema de referencia canónico $\mathcal{R}_0 = \{O; \mathcal{B}_0\}$, se tiene:

$$
f(O) = f(0,0,0) = (3, -1, 0), \qquad M_{\mathcal{B}_0, \mathcal{B}_0}(\overline{f}) = \begin{pmatrix} 1 & -2 & 0 \\ 2 & 0 & -1 \\ 0 & 3 & 1 \end{pmatrix}.
$$

Por tanto, la expresión matricial de f respecto de dicho sistema de referencia es:

$$\begin{pmatrix} y_1 \\ y_2 \\ y_3 \end{pmatrix} = \begin{pmatrix} 3 \\ -1 \\ 0 \end{pmatrix} + \begin{pmatrix} 1 & -2 & 0 \\ 2 & 0 & -1 \\ 0 & 3 & 1 \end{pmatrix} \begin{pmatrix} x_1 \\ x_2 \\ x_3 \end{pmatrix}.$$

Observemos que f es biyectiva puesto que $\det M_{\mathcal{B}_0, \mathcal{B}_0}(\overline{f}) = 7 \neq 0$. Para calcular la inversa de f podemos utilizar la expresión simplificada

$$\begin{pmatrix} 1 \\ y_1 \\ y_2 \\ y_3 \end{pmatrix} = \begin{pmatrix} 1 & 0 & 0 & 0 \\ 3 & 1 & -2 & 0 \\ -1 & 2 & 0 & -1 \\ 0 & 0 & 3 & 1 \end{pmatrix} \begin{pmatrix} 1 \\ x_1 \\ x_2 \\ x_3 \end{pmatrix},$$

de donde, la expresión matricial simplificada de f^{-1} sería:

$$\begin{pmatrix} 1 \\ x_1 \\ x_2 \\ x_3 \end{pmatrix} = \begin{pmatrix} 1 & 0 & 0 & 0 \\ -1 & 3/7 & 2/7 & 2/7 \\ 1 & -2/7 & 1/7 & 1/7 \\ 3 & 6/7 & -3/7 & 4/7 \end{pmatrix} \begin{pmatrix} 1 \\ y_1 \\ y_2 \\ y_3 \end{pmatrix}.$$

(c) *Vamos a hallar la expresión matricial de la aplicación afín $f \colon \mathbb{R}^3 \to \mathbb{R}^2$ dada por*

$$f(x_1, x_2, x_3) = (x_2 + x_3 + 2, x_1),$$

(véase el ejemplo 2.6.14), con respecto a los sistemas de referencia

$\mathcal{R} = \{O = (1, -1, 2); \mathcal{B} = \{e_1 = (4, 1, 0), e_2 = (2, 1, 1), e_3 = (1, 2, 2)\}\}$ *de $\mathbb{R}^3$;*

$\mathcal{R}' = \{O' = (1, 2); \mathcal{B}' = \{e_1' = (2, 2), e_2' = (1, 0)\}\}$ *de $\mathbb{R}^2$.*

Para ello necesitamos las coordenadas de $f(O)$ respecto del sistema de referencia $\mathcal{R}'$ y la matriz de $\overline{f}$ con respecto a las bases $\mathcal{B}$ y $\mathcal{B}'$.

Llamemos $\mathcal{B}_0$ y $\mathcal{B}'_0$ a las bases canónicas de $\mathbb{R}^3$ y $\mathbb{R}^2$ respectivamente. Tenemos $f(O) = (3, 1) = (a_1', a_2')_{\mathcal{R}'}$, de donde

$$\overrightarrow{O'f(O)} = (2, -1)_{\mathcal{B}'_0} = (a_1', a_2')_{\mathcal{B}'}.$$

Obsérvese que $P = \begin{pmatrix} 2 & 1 \\ 2 & 0 \end{pmatrix}$ es la matriz del cambio de base de $\mathcal{B}'$ a $\mathcal{B}'_0$ y $P^{-1} = \begin{pmatrix} 0 & 1/2 \\ 1 & -1 \end{pmatrix}$ la de $\mathcal{B}'_0$ a $\mathcal{B}'$. Por tanto,

$$\begin{pmatrix} a_1' \\ a_2' \end{pmatrix} = \begin{pmatrix} 0 & 1/2 \\ 1 & -1 \end{pmatrix} \begin{pmatrix} 2 \\ -1 \end{pmatrix} = \begin{pmatrix} -1/2 \\ 3 \end{pmatrix}.$$

Luego $f(O) = (-1/2, 3)_{\mathcal{R}'}$.

Por otra parte, tenemos que $M_{\mathcal{BB}'_0}(\overline{f}) = \begin{pmatrix} 1 & 2 & 4 \\ 4 & 2 & 1 \end{pmatrix}$. Por tanto:

$$M_{\mathcal{BB}'}(\overline{f}) = P^{-1}M_{\mathcal{BB}'_0}(\overline{f}) = \begin{pmatrix} 0 & 1/2 \\ 1 & -1 \end{pmatrix} \begin{pmatrix} 1 & 2 & 4 \\ 4 & 2 & 1 \end{pmatrix} = \begin{pmatrix} 2 & 1 & 1/2 \\ -3 & 0 & 3 \end{pmatrix}.$$

Por tanto la expresión matricial de la aplicación afín f con respecto a los sistemas de referencia $\mathcal{R}$ y $\mathcal{R}'$ es:

$$\begin{pmatrix} y'_1 \\ y'_2 \end{pmatrix} = \begin{pmatrix} -1/2 \\ 3 \end{pmatrix} + \begin{pmatrix} 2 & 1 & 1/2 \\ -3 & 0 & 3 \end{pmatrix} \begin{pmatrix} x'_1 \\ x'_2 \\ x'_3 \end{pmatrix}.$$

2.7. Puntos fijos y subespacios invariantes por una transformación afín

En lo siguiente $f : \mathcal{A} \to \mathcal{A}$ será una transformación afín cuya expresión matricial, respecto de un sistema de referencia fijado $\mathcal{R} = \{O; \mathcal{B}\}$, es $Y = C + MX$.

Puntos fijos

Definición 2.7.1. *Decimos que $X \in \mathcal{A}$ es **punto fijo de** f si $f(X) = X$.*

Matricialmente, la condición de que X sea un punto fijo de f sería:

$$f(X) = X \Leftrightarrow C + MX = X \Leftrightarrow (M - I)X = -C,$$

es decir, los puntos fijos de f son las soluciones de la ecuación

$$\boxed{(M - I)X = -C.} \tag{2.20}$$

Por tanto, existirán puntos fijos de f si y solamente si el sistema anterior es compatible, esto es, si $\operatorname{rg}(M - I) = \operatorname{rg}(M - I| - C)$.

Según el ejemplo 2.4.9, podemos enunciar el siguiente resultado:

Proposición 2.7.2. *Supongamos que existe algún punto fijo de f. Entonces el conjunto de puntos fijos de f es un subespacio afín con dirección el subespacio de vectores propios V_1 del autovalor 1 para la aplicación lineal subyacente, es decir, las soluciones del sistema homogéneo $(M - I)X = 0$. En particular, su dimensión es $n - \operatorname{rg}(M - I)$.*

Corolario 2.7.3. *La condición necesaria y suficiente para que f tenga un único punto fijo es que su aplicación lineal subyacente no tenga el autovalor 1, o sea, que $V_1 = \{0\}$.*

Demostración. El sistema $(M - I)X = -C$ tiene una única solución si y solamente si $rg(M - I) = n$, lo cual equivale a que $V_1 = \{0\}$. $\square$

Ejemplos 2.7.4. *(a) Consideremos la afinidad de $\mathcal{A} = \mathbb{R}^2$ dada por $f(x_1, x_2) = (-2x_2 + 1, x_1 + x_2 - 1)$. Como,*

$$rg(M - I) = rg \begin{pmatrix} -1 & -2 \\ 1 & 0 \end{pmatrix} = 2,$$

f tiene un único punto fijo que, calculado mediante la ecuación $(M - I)X = -C$, resulta ser el punto $(1, 0)$.

(b) Consideremos la afinidad de $\mathcal{A} = \mathbb{R}^2$ dada por $g(x_1, x_2) = (-2x_2 + 1, x_1 + 3x_2 + 2)$. En este caso,

$$rg(M - I) = rg \begin{pmatrix} -1 & -2 \\ 1 & 2 \end{pmatrix} = 1 < rg(M - I| - C) = rg \begin{pmatrix} -1 & -2 & -1 \\ 1 & 2 & -2 \end{pmatrix} = 2,$$

por lo que g no tiene puntos fijos.

(c) Consideremos ahora la afinidad de $\mathcal{A} = \mathbb{R}^2$ dada por $h(x_1, x_2) = (-2x_2 + 1, x_1 + 3x_2 - 1)$. En este caso,

$$rg(M - I) = rg \begin{pmatrix} -1 & -2 \\ 1 & 2 \end{pmatrix} = 1 = rg(M - I| - C) = rg \begin{pmatrix} -1 & -2 & -1 \\ 1 & 2 & 1 \end{pmatrix}.$$

Por tanto, tiene puntos fijos y la dirección del subespacio de puntos fijos es $V_1 \equiv \{x_1 + 2x_2 = 0\}$. El punto $(1, 0)$ es un punto fijo, puesto que $h(1, 0) = (1, 0)$. Así pues, el subespacio de puntos fijos es la recta $\{x_1 + 2x_2 = 1\}$.

Subespacios invariantes

Definición 2.7.5. *Sea $f: \mathcal{A} \to \mathcal{A}$ una transformación afín. Decimos que un subespacio afín $L \subset \mathcal{A}$ es un **subespacio invariante por** f si para todo $X \in L$ se tiene que $f(X) \in L$, esto es, si $f(L) \subset L$.*

Si $L = P + U$ es invariante por f, entonces, por la proposición 2.6.12 tenemos que
$$f(L) = f(P) + \overline{f}(U) \subset P + U = L.$$
De esta contención se deduce inmediatamente el siguiente resultado:

Proposición 2.7.6. *$P + U$ es invariante por f si solamente si*

(i) *$\overrightarrow{Pf(P)} \in U$, y*
(ii) *$\overline{f}(U) \subset U$, o sea, el subespacio vectorial subyacente es invariante por $\overline{f}$.*

Corolario 2.7.7. *Las rectas invariantes por f son de la forma $P + L(v)$, siendo $v \neq 0$ un vector propio de $\overline{f}$ y P un punto tal que $\overrightarrow{Pf(P)} \in L(v)$.*

Ejemplo 2.7.8. *Consideremos la afinidad h del ejemplo 2.7.4(c):*

$$\begin{pmatrix} y_1 \\ y_2 \end{pmatrix} = \begin{pmatrix} 1 \\ -1 \end{pmatrix} + \begin{pmatrix} 0 & -2 \\ 1 & 3 \end{pmatrix} \begin{pmatrix} x_1 \\ x_2 \end{pmatrix}.$$

Los autovalores de su aplicación lineal subyacente son 1 y 2:

$$\begin{vmatrix} -\lambda & -2 \\ 1 & 3-\lambda \end{vmatrix} = \lambda^2 - 3\lambda + 2 = 0 \Longleftrightarrow \lambda = 1, 2.$$

Además, se tiene $V_1 \equiv \{x_1 + 2x_2 = 0\}$ y $V_2 \equiv \{x_1 + x_2 = 0\}$.

Un punto $P = (x_1, x_2)$ cumple $\overrightarrow{Pf(P)} \in V_1$ si $(-2x_2 + 1 - x_1) + 2(x_1 + 3x_2 - 1 - x_2) = 0$, o sea si $x_1 + 2x_2 = 1$.

Por tanto, la recta invariante $P_1 + V_1$ sería $x_1 + 2x_2 = 1$, que es el subespacio de puntos fijos que ya habíamos encontrado.

Un punto $P = (x_1, x_2)$ cumple $\overrightarrow{Pf(P)} \in V_2$ si $(-2x_2 + 1 - x_1) + (x_1 + 3x_2 - 1 - x_2) = 0$ lo cual se cumple siempre. Por tanto, las rectas $P + V_2 \equiv \{x_1 + x_2 = a\}$ son rectas invariantes, para todo $a \in \mathbb{R}$.

Caso particular

De entre todos los subespacios invariantes por una transformación afín $f: \mathcal{A} \to \mathcal{A}$ con aplicación lineal asociada $\overline{f}: V \to V$, vamos a prestar especial atención a aquellos cuya dirección sea el subespacio propio V_1 asociado al valor propio $\lambda = 1$ para $\overline{f}$, es decir, $V_1 = \ker(\overline{f} - Id)$. Esto tendrá especial interés en el caso de transformaciones afines para las cuales $\overline{f}$ sea una isometría, como veremos más adelante.

Proposición 2.7.9. *Sea $L = P + V_1$ un subespacio invariante por una transformación afín f de ecuación $Y = C + MX$. Entonces L cumple la siguiente ecuación:*

$$(M - I)^2 X + (M - I)C = 0. \tag{2.21}$$

Demostración. Si $X \in L$ entonces $L = X + V_1$ y como L es invariante, por la proposición 2.7.6, $\overrightarrow{Xf(X)} \in V_1$, o sea, es un vector propio asociado al valor propio $\lambda = 1$. Luego $(M-I)(\overrightarrow{Xf(X)}) = 0$. Como $\overrightarrow{Xf(X)} = (C+MX) - X = C + (M-I)X$, se tiene

$$(M - I)(C + (M - I)X) = (M - I)^2 X + (M - I)C = 0. \qquad \square$$

Observación 2.7.10. *Cuando el subespacio de soluciones del sistema anterior es no vacío, $\{X : (M - I)^2 X + (M - I)C = 0\} \neq \emptyset$, cumple que*

- es un subespacio afín (véase el ejemplo 2.4.9) cuya dirección es el subespacio de las soluciones del sistema homogéneo asociado, es decir, el subespacio

$$\{X : (M - I)^2 X = 0\};$$

- es invariante por f. En efecto, los puntos $f(X) = C + MX$ con X cumpliendo la ecuación (2.21), vuelven a satisfacer dicha ecuación:

$$\begin{aligned}
&(M - I)^2(C + MX) + (M - I)C = (M - I)[(M - I)(C + MX) + C] \\
&= (M - I)[(M - I)MX + MC] = (M - I)M[(M - I)X + C] = \\
&= M(M - I)[(M - I)X + C] = M[(M - I)^2 X + (M - I)C]) = 0.
\end{aligned}$$

Ejemplo 2.7.11. *Consideremos la transformación afín* $f \colon \mathbb{R}^3 \to \mathbb{R}^3$ *dada por*

$$f(x_1, x_2, x_3) = (x_1 - x_3, x_2 + x_3, x_3).$$

Vamos a ver que tiene varios subespacios invariantes de la forma $P + V_1$ *estrictamente contenidos en* $\{X : (M - I)^2 X + (M - I)C = 0\}$. *Aquí* $V_1 \equiv \{x_3 = 0\}$, *y para todo* $P = (a, b, c) \in \mathbb{R}^3$, *el plano* $P + V_1 \equiv \{x_3 = c\}$, *es un subespacio invariante por* f. *Como* $(\overline{f} - Id)^2 = 0$, V_1 *está estrictamente contenido en* $\ker(\overline{f} - Id)^2 = \mathbb{R}^3$. *Por ello, los planos invariantes* $\{x_3 = c\}$ *están estrictamente contenidos en* $\{X : (M - I)^2 X + (M - I)C = 0\} = \mathbb{R}^3$.

El siguiente resultado nos da una condición suficiente para que las ecuaciones anteriores tengan solución y, sean, precisamente, las ecuaciones cartesianas de un subespacio invariante de la forma $L = P + V_1$.

Teorema 2.7.12. *Si* $\operatorname{rg}(M - I)^2 = \operatorname{rg}(M - I)$ *entonces el sistema no homogéneo*

$$(M - I)^2 X + (M - I)C = 0$$

es compatible y sus soluciones constituyen un subespacio afín L *invariante por* f *con dirección* V_1. *Además, en este caso,* L *es el único subespacio invariante por* f *con dirección* V_1.

Demostración. Observemos que $((M - I)^2| - (M - I)C) = (M - I)(M - I| - C)$, y puesto que el rango de un producto de matrices es menor o igual que el rango de cada uno de los factores, tenemos:

$$\begin{aligned}
\operatorname{rg}((M - I)^2| - (M - I)C) \ &\leq \min\{\operatorname{rg}(M - I), \operatorname{rg}(M - I| - C)\} \\
&= \operatorname{rg}(M - I) \\
&= \operatorname{rg}(M - I)^2.
\end{aligned}$$

En definitiva, la matriz de coeficientes $(M - I)^2$ y la matriz ampliada $((M - I)^2| - (M - I)C)$ tienen el mismo rango, y, por tanto, el sistema es compatible.

Por otra parte, como ya hicimos notar en la observación anterior, las soluciones de dicho sistema constituyen un subespacio afín L, cuyo subespacio vectorial subyacente son las soluciones del sistema homogéneo asociado, es decir, es el subespacio

$$\{X \ : (M - I)^2 X = 0\}.$$

Este subespacio contiene a V_1, pero además ambos tienen la misma dimensión:

$$\dim V_1 = n - \mathrm{rg}(M - I) = n - \mathrm{rg}(M - I)^2 = \dim\{X \ : (M - I)^2 X = 0\},$$

luego los subespacios coinciden.

Por tanto $L = \{X \ : (M-I)^2 X + (M-I)C = 0\} = P + V_1$, donde P es cualquier solución particular del sistema. Finalmente, sabemos por la proposición 2.7.9 que cualquier subespacio invariante por f con dirección V_1 está contenido en L, luego, al tener la misma dimensión, coinciden. Así pues, L es el único subespacio invariante por f cuya dirección es V_1.   □

Definición 2.7.13. *Bajo las condiciones del teorema anterior, al único subespacio invariante cuya dirección es V_1 se le llama* **el subespacio invariante** *de f.*

Ejemplo 2.7.14. *En el espacio afín $\mathcal{A} = \mathbb{R}^2$ sobre $V = \mathbb{R}^2$ consideramos la aplicación afín*

$$\begin{pmatrix} y_1 \\ y_2 \end{pmatrix} = \begin{pmatrix} 3 \\ 1 \end{pmatrix} + \begin{pmatrix} -3/5 & -4/5 \\ -4/5 & 3/5 \end{pmatrix} \begin{pmatrix} x_1 \\ x_2 \end{pmatrix}.$$

Esta aplicación no tiene puntos fijos, puesto que

$$\mathrm{rg}(M-I|-C) = \mathrm{rg}\begin{pmatrix} -8/5 & -4/5 & -3 \\ -4/5 & -2/5 & -1 \end{pmatrix} = 2 > 1 = \mathrm{rg}\begin{pmatrix} -8/5 & -4/5 \\ -4/5 & -2/5 \end{pmatrix} = \mathrm{rg}(M-I).$$

Sin embargo, como

$$\mathrm{rg}(M - I)^2 = \mathrm{rg}\begin{pmatrix} 80/25 & 40/25 \\ 40/25 & 20/25 \end{pmatrix} = 1 = \mathrm{rg}(M - I),$$

el subespacio afín invariante por f existe y tiene dimensión:

$$\dim V_1 = 2 - \mathrm{rg}(M - I) = 1.$$

A continuación calculamos sus ecuaciones cartesianas:

$$(M - I)^2 X + (M - I)C = 0 \Leftrightarrow \begin{pmatrix} 80/25 & 40/25 \\ 40/25 & 20/25 \end{pmatrix} \begin{pmatrix} x_1 \\ x_2 \end{pmatrix} + \begin{pmatrix} -28/5 \\ -14/5 \end{pmatrix} = \begin{pmatrix} 0 \\ 0 \end{pmatrix}.$$

Simplificando nos queda que el subespacio invariante por f es la recta de ecuación cartesiana:

$$4x_1 + 2x_2 = 7.$$

2.8. Transformaciones afines notables

Traslación por un vector v.

Recordemos que fijado un vector $v \in V$ la **traslación de vector** v es la aplicación afín $t_v \colon \mathcal{A} \to \mathcal{A}$ dada por $t_v(X) = X + v$, cuya aplicación lineal subyacente es la identidad:

$$\bar{t}_v(\overrightarrow{OX}) = \overrightarrow{t_v(O)t_v(X)} = (X + v) - (O + v) = X - O = \overrightarrow{OX}.$$

En consecuencia, t_v es una afinidad, cuya inversa es: $t_v^{-1} = t_{-v}$. Obsérvese también que $t_v \circ t_w = t_w \circ t_v = t_{v+w}$, es decir la composición de traslaciones conmuta y el resultado es otra traslación.

Proposición 2.8.1. *Una transformación afín $f \colon \mathcal{A} \to \mathcal{A}$ es una traslación si y solamente si $\bar{f} = Id$.*

Demostración. Si $f = t_v$ para algún $v \in V$, entonces $\bar{f} = Id$, como ya sabemos. Recíprocamente, si una transformación afín f cumple que $\bar{f} = Id$, entonces $f = t_{\overrightarrow{Of(O)}}$ para cualquier $O \in \mathcal{A}$. En efecto,

$$t_{\overrightarrow{Of(O)}}(X) = X + \overrightarrow{Of(O)} = O + \overrightarrow{OX} + \overrightarrow{Of(O)} = f(O) + \overrightarrow{OX} \stackrel{(\bar{f}=Id)}{=} f(X). \qquad \square$$

Obsérvese que una traslación de vector $v \neq 0$ no tiene puntos fijos, y que los subespacios invariantes por t_v son los subespacios afines de $\mathcal{A}$ cuya dirección contiene a v.

Homotecia de centro C y razón a

Sea $\mathcal{A}$ un espacio afín sobre un espacio vectorial V. Se define la **homotecia de centro** $C \in \mathcal{A}$ **y razón** $a \in \mathbb{K} - \{0, 1\}$ como la aplicación

$$\begin{aligned} h_{(C,a)} \colon \quad & \mathcal{A} \to \mathcal{A} \\ & X \to C + a\overrightarrow{CX}. \end{aligned}$$

Se trata de una transformación afín ya que al ser $h_{(C,a)}(C) = C$, se tiene que

$$\bar{h}_{(C,a)}(\overrightarrow{CX}) = \overrightarrow{h_{(C,a)}(C)h_{(C,a)}(X)} = (C + a\overrightarrow{CX}) - C = a\overrightarrow{CX}$$

es decir, $\bar{h}_{(C,a)} \colon V \to V$ es una homotecia lineal de razón a (véase la figura 2.8).

Vamos a calcular la representación matricial simplificada de $h_{(C,a)}$ en un espacio afín $\mathcal{A}$ de dimensión finita n, respecto de un sistema de referencia $\mathcal{R} = \{O; \mathcal{B}\}$. En primer lugar, tenemos

$$M_{\mathcal{B},\mathcal{B}}(\bar{h}_{(C,a)}) = \begin{pmatrix} a & \cdots & 0 \\ \vdots & \ddots & \vdots \\ 0 & \cdots & a \end{pmatrix}.$$

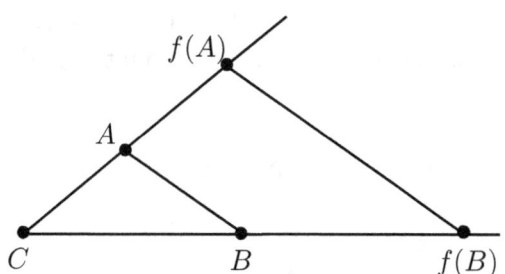

Figura 2.8: Homotecia de centro C y razón 2.

Por otra parte, si $C = (c_1, \ldots, c_n)_\mathcal{R}$ entonces

$$h_{(C,a)}(O) = C + a\overrightarrow{CO} = (c_1, \ldots, c_n)_\mathcal{R} + a(-c_1, \ldots, -c_n)_\mathcal{B}$$
$$= (c_1(1-a), \ldots, c_n(1-a))_\mathcal{R}.$$

Luego $h_{(C,a)}$ tiene la siguiente expresión matricial simplificada respecto del sistema de referencia $\mathcal{R}$:

$$\begin{pmatrix} 1 \\ y_1 \\ \vdots \\ y_n \end{pmatrix} = \begin{pmatrix} 1 & 0 & \cdots & 0 \\ c_1(1-a) & a & \cdots & 0 \\ \vdots & \vdots & \ddots & \vdots \\ c_n(1-a) & 0 & \cdots & a \end{pmatrix} \begin{pmatrix} 1 \\ x_1 \\ \vdots \\ x_n \end{pmatrix}.$$

Obsérvese que como $a \neq 1$, $\overline{h}_{(C,a)}$ no tiene el autovalor 1, y por tanto, el *único* punto fijo de $h_{(C,a)}$ es C. Además, los subespacios invariantes son aquellos que contienen a C, como se comprueba fácilmente (ejercicio 2.20(a)).

Finalmente, como $a \neq 0$, $h_{(C,a)}$ es una afinidad y su inversa es la homotecia $h_{(C,\frac{1}{a})}$.

Proyecciones afines

Definición 2.8.2. *Una transformación afín $f \colon \mathcal{A} \to \mathcal{A}$ se llama **proyección (afín)** si $f^2 = f$.*

Proposición 2.8.3. *Si $f \colon \mathcal{A} \to \mathcal{A}$ es una proyección afín entonces:*

(a) *La aplicación lineal asociada verifica $\overline{f}^2 = \overline{f}$.*

(b) *$\operatorname{Im} f$ está formada por los puntos fijos de f.*

Demostración.

(a) Basta observar que

$$\overline{f}^2(\overrightarrow{AB}) = \overline{f}(\overrightarrow{f(A)f(B)}) = \overrightarrow{f^2(A)f^2(B)} = \overrightarrow{f(A)f(B)} = \overline{f}(\overrightarrow{AB}), \; \forall \overrightarrow{AB} \in V.$$

(b) Si $B = f(A) \in \text{Im}f$ se tiene $f(B) = f(f(A)) = f^2(A) = f(A) = B$ y B es un punto fijo de f. Recíprocamente, si A es un punto fijo de f entonces $A = f(A)$ y $A \in \text{Im}f$.   □

Ejemplo 2.8.4. *La transformación afín* $f \colon \mathbb{R}^2 \to \mathbb{R}^2$ *dada por*

$$f(x_1, x_2) = \left(\frac{1}{4}x_1 + \frac{3}{4}x_2 + c_1, \frac{1}{4}x_1 + \frac{3}{4}x_2 + c_2 \right),$$

cumple, para cualquier $(c_1, c_2) \in \mathbb{R}^2$, *que* $\overline{f}^2 = \overline{f}$. *Sin embargo, para que* f *sea una proyección afín es necesario imponer que* $f^2 = f$, *lo que se traduce en la condición de que* $c_1 + 3c_2 = 0$. *En este caso, los puntos fijos de* f *serían:* $\text{Im}f = (c_1, c_2) + L((1, 1))$.

Simetrías afines

Definición 2.8.5. *Una transformación afín* $f \colon \mathcal{A} \to \mathcal{A}$ *se llama* **simetría (afín)** *si* $f^2 = Id$.

Proposición 2.8.6. *Sea* $f \colon \mathcal{A} \to \mathcal{A}$ *una simetría. Entonces:*

(a) *La aplicación lineal asociada verifica* $\overline{f}^2 = Id$.

(b) *Los puntos fijos de* f *son precisamente los puntos medios de los pares* $A, f(A)$, *para todo punto* $A \in \mathcal{A}$.

Demostración.

(a) Basta observar que

$$\overline{f}^2(\overrightarrow{AB}) = \overline{f}(\overrightarrow{f(A)f(B)}) = \overrightarrow{f^2(A)f^2(B)} = \overrightarrow{AB}, \quad \forall \overrightarrow{AB} \in V.$$

(b) Sea $M = \frac{1}{2}A + \frac{1}{2}f(A)$ el punto medio de A y $f(A)$. Nótese que otras posibles formas de expresar M son: $M = A + \frac{1}{2}\overrightarrow{Af(A)}$ y $M = f(A) + \frac{1}{2}\overrightarrow{f(A)A}$. Usando la linealidad de $\overline{f}$, tenemos:

$$
\begin{aligned}
f(M) &= f(A + \frac{1}{2}\overrightarrow{Af(A)}) = f(A) + \frac{1}{2}\overline{f}(\overrightarrow{Af(A)}) \\
&= f(A) + \frac{1}{2}\overrightarrow{f(A)f^2(A)} = f(A) + \frac{1}{2}\overrightarrow{f(A)A} \\
&= M,
\end{aligned}
$$

luego M es un punto fijo de f.

Recíprocamente, si B es un punto fijo de f, es obvio que B es el punto medio de B y $B = f(B)$.   □

Ejemplo 2.8.7. *La transformación afín* $f\colon \mathbb{R}^2 \to \mathbb{R}^2$ *dada por*

$$f(x_1, x_2) = \left(\frac{1}{2}x_1 + \frac{1}{2}x_2 + c_1, \frac{3}{2}x_1 - \frac{1}{2}x_2 + c_2 \right),$$

cumple, para cualquier $(c_1, c_2) \in \mathbb{R}^2$, *que* $\overline{f}^2 = Id$. *Sin embargo, para que* f *sea una simetría afín es necesario imponer que* $f^2 = Id$, *lo que se traduce en la condición de que* $3c_1 + c_2 = 0$. *En este caso, el subespacio de los puntos fijos de* f *sería la recta formada por los puntos medios de* (x_1, x_2) *y* $f(x_1, x_2)$, $\forall (x_1, x_2) \in \mathbb{R}^2$:
$(\frac{1}{2}c_1, -\frac{3}{2}c_2) + L((1, 1))$.

2.9. El grupo afín

Sea $\mathcal{A}$ un espacio afín sobre un espacio vectorial V. Denotemos por $AF(\mathcal{A})$ al conjunto de las afinidades de $\mathcal{A}$, esto es, al conjunto de los isomorfismos afines de $\mathcal{A}$ en sí mismo.

Proposición 2.9.1. *El conjunto* $AF(\mathcal{A})$, *con la operación composición de aplicaciones, tiene estructura de grupo.*

Demostración. Basta recordar que la composición de aplicaciones afines es una aplicación afín (Proposición 2.6.7), y que la inversa de una aplicación afín biyectiva también es una aplicación afín biyectiva (Proposición 2.6.8). □

Definición 2.9.2. *El grupo* $AF(\mathcal{A})$ *recibe el nombre de* **grupo afín de** $\mathcal{A}$.

El grupo afín $AF(\mathcal{A})$ es el grupo de transformaciones que define la *geometría afín* del espacio $\mathcal{A}$. Esta es una idea de Felix Klein que nos dice que toda geometría puede caracterizarse por un grupo de transformaciones, y su estudio consiste en el estudio de los invariantes por ese grupo de transformaciones.

Proposición 2.9.3. *El conjunto de las traslaciones* $T(\mathcal{A})$ *es un subgrupo abeliano del grupo afín y es isomorfo a* $(V, +)$.

Demostración. Ya sabemos que toda traslación t_v es una afinidad ($t_v^{-1} = t_{-v}$) cuya aplicación lineal asociada es $\overline{t_v} = Id$. Además hemos visto (apartado 2.8) que la composición de dos traslaciones conmuta, y el resultado es otra traslación. Luego $T(\mathcal{A})$ es un subgrupo abeliano del grupo afín. Finalmente, es inmediato que la aplicación

$$\begin{array}{cccc} I\colon & (T(\mathcal{A}), \circ) & \to & (V, +) \\ & t_v & \mapsto & v \end{array}$$

es un isomorfismo de grupos.   □

Proposición 2.9.4. *La aplicación*

$$AF(\mathcal{A}) \to GL(V)$$
$$f \mapsto \overline{f}$$

es un homomorfismo de grupos sobreyectivo cuyo núcleo es el grupo de las traslaciones $T(\mathcal{A})$.

Demostración. Ya sabemos que $\overline{g \circ f} = \overline{g} \circ \overline{f}$ (véase la proposición 2.6.7). Por otra parte, recordemos que dada una aplicación lineal biyectiva $\varphi \colon V \to V$, y dados dos puntos $A, A' \in \mathcal{A}$, existe una única aplicación afín biyectiva $f \colon \mathcal{A} \to \mathcal{A}$ tal que $\overline{f} = \varphi$ y $f(A) = A'$. Finalmente, el núcleo del homomorfismo que estamos considerando está formado por las afinidades $f \in AF(\mathcal{A})$ tales que $\overline{f} = Id$. Por la proposición 2.8.1 estas afinidades son precisamente las traslaciones.   □

Como consecuencia de la proposición anterior y del primer teorema de isomorfía de grupos, se tiene el siguiente isomorfismo de grupos:

$$\frac{AF(\mathcal{A})}{T(\mathcal{A})} \cong GL(V).$$

Por otra parte, fijado un sistema de referencia $\mathcal{R} = \{O; \mathcal{B}\}$ de un espacio afín $\mathcal{A}$ de dimensión finita n, se puede establecer un isomorfismo entre $AF(\mathcal{A})$ y el grupo de las matrices inversibles de orden $(n+1) \times (n+1)$ cuya primera fila es $(1, 0, \dots, 0)$. En efecto, basta recordar la expresión matricial simplificada de f respecto de un sistema de referencia:

$$\begin{pmatrix} 1 \\ y_1 \\ \vdots \\ y_n \end{pmatrix} = \begin{pmatrix} 1 & 0 & \cdots & 0 \\ c_1 & a_{11} & \cdots & a_{1n} \\ \vdots & \vdots & \ddots & \vdots \\ c_n & a_{n1} & \cdots & a_{nn} \end{pmatrix} \begin{pmatrix} 1 \\ x_1 \\ \vdots \\ x_n \end{pmatrix}.$$

A este grupo también se le suele llamar **grupo afín**. Además, en este caso las traslaciones se corresponden con las matrices del tipo

$$\begin{pmatrix} 1 & 0 & \cdots & 0 \\ c_1 & 1 & \cdots & 0 \\ \vdots & \vdots & \ddots & \vdots \\ c_n & 0 & \cdots & 1 \end{pmatrix}.$$

Vemos pues que la representación matricial simplificada permite ver el grupo afín de un espacio afín de dimensión finita n como aquellas aplicaciones lineales inversibles de $\mathbb{R}^{n+1}$ en sí mismo (esto es, automorfismos de $\mathbb{R}^{n+1}$) que dejan invariante el hiperplano afín $x_0 = 1$.

Obsérvese que, eliminando la condición de inversibilidad, obtenemos que las transformaciones afines se corresponden con los endomorfismos de $\mathbb{R}^{n+1}$ que envían el hiperplano $x_0 = 1$ sobre sí mismo o sobre un subespacio suyo.

2.10.   Ejercicios

2.1 En un espacio afín $\mathcal{A}$, dados los puntos $A_1, \ldots, A_r$ con $r \geq 3$ denotemos por B_i al baricentro de $A_1, \ldots, \widehat{A_i}, \ldots, A_r$. Comprobar que el baricentro B de $A_1, \ldots, A_r$ está en la recta determinada por los puntos A_i y B_i, para todo $i = 1, \ldots, r$.

Para un tetraedro de vértices A_1, A_2, A_3, A_4, ¿qué se puede decir de las cuatro rectas que unen cada vértice con el baricentro de la cara opuesta?

2.2 (a) Sea $\mathcal{R} = \{A_0, A_1, \ldots, A_n\}$ una referencia afín de un espacio afín $\mathcal{A}$. Sean $P_1, \ldots, P_r$ r puntos de $\mathcal{A}$ cuyas coordenadas afines respecto de $\mathcal{R}$ sean

$$P_1 = (a_{01}, a_{11}, \ldots, a_{n1}), \cdots, P_r = (a_{0r}, a_{1r}, \ldots, a_{nr}).$$

Probar que dados r escalares $\lambda_1, \ldots, \lambda_r$ con $\sum_{i=1}^{r} \lambda_i = 1$, la combinación afín $P = \sum_{i=1}^{r} \lambda_i P_i$ tiene coordenadas afines respecto de $\mathcal{R}$ iguales a

$$\left(\sum_{i=1}^{r} \lambda_i a_{0i}, \sum_{i=1}^{r} \lambda_i a_{1i}, \ldots, \sum_{i=1}^{r} \lambda_i a_{ni} \right).$$

(b) En el espacio afín $\mathcal{A} = \mathbb{R}^2$ sobre $V = \mathbb{R}^2$, se considera la referencia afín $\mathcal{R} = \{A_0, A_1, A_2\}$ con

$$A_0 = (-1, 2), \quad A_1 = (2, 1), \quad A_2 = (0, 1).$$

Sea $P \in \mathcal{A}$ el punto de coordenadas afines respecto de $\mathcal{R}$ $(2, 1/2, -3/2)$. Se pide dar las coordenadas cartesianas del punto P respecto del sistema de referencia canónico $\{0; e_1, e_2\}$.

2.3 (a) Sea $\mathcal{A}$ un espacio afín sobre un espacio vectorial real V y L un subconjunto no vacío de $\mathcal{A}$. Probar que L es un subespacio afín de $\mathcal{A}$ si y solamente si toda combinación afín de puntos de L es un punto de L.

(b) Determinar cuáles de los siguientes subconjuntos de $\mathcal{A} = \mathbb{R}^2$ son subespacios afines:

(b-1) $\{(x, y) \in \mathbb{R}^2 / \ x^2 + y^2 = 1\}$.

(b-2) $\{(x, y) \in \mathbb{R}^2 / \ x = 1, y \geq 0\}$.

(b-3) $\{(x, y) \in \mathbb{R}^2 / \ x - 2 = y\} \cap \{(x, y) \in \mathbb{R}^2 / \ x \geq y\}$.

2.4 En un espacio afín de dimensión 4 con una referencia cartesiana $\{O; \{e_1, e_2, e_3, e_4\}\}$, se pide:

(a) Determinar las ecuaciones paramétricas y cartesianas del subespacio afín L generado por los puntos

$$(1, 0, 1, 0), (1, 0, 1, 1), (-1, 1, 3, -1), (3, -1, -1, 2), (-3, 2, 5, 0).$$

(b) Sea S el subespacio afín dado por las ecuaciones: $\begin{cases} x_1 + x_2 + x_3 + x_4 = 2 \\ x_2 - x_3 - x_4 = -1. \end{cases}$

Hallar las ecuaciones paramétricas y cartesianas de los subespacios $L \cap S$ y $L + S$.

(c) Hallar otro sistema de referencia respecto del cual las ecuaciones carte-sianas de S sean: $\begin{cases} x_1' = 0 \\ x_2' = 0. \end{cases}$ ¿Es único dicho sistema de referencia?

2.5 En un espacio afín $\mathcal{A}$ de dimensión 4 con una referencia cartesiana fijada $\{O; \{e_1, e_2, e_3, e_4\}\}$, se consideran los subespacios r y s siguientes:

$$r \equiv \begin{cases} x_1 = & 1 - \lambda \\ x_2 = & \lambda \\ x_3 = & -\lambda \\ x_4 = & 2 \end{cases} \quad \text{y} \quad s \equiv \begin{cases} x_1 = & 2 \\ x_2 = & 1 + \mu \\ x_3 = & 1 - \mu \\ x_4 = & \mu \end{cases}$$

(a) Calcular las ecuaciones paramétricas del subespacio afín suma de r y s.

(b) Dar las ecuaciones cartesianas de una recta l que cumpla que $r + s + l = \mathcal{A}$.

2.6 Sean $A_i = (a_i, b_i)_\mathcal{R}$, $i = 1, 2, 3$ tres puntos de un espacio afín $\mathcal{A}$ de dimensión 2 con respecto a una referencia cartesiana $\mathcal{R} = \{O; \{e_1, e_2\}\}$.

(a) Probar que los puntos A_1, A_2, A_3 están alineados si y solamente si

$$\begin{vmatrix} a_1 & a_2 & a_3 \\ b_1 & b_2 & b_3 \\ 1 & 1 & 1 \end{vmatrix} = 0.$$

(b) Comprobar que el conjunto de puntos $\{A_0 = (2, -1)_\mathcal{R}, A_1 = (3, 0)_\mathcal{R}, A_2 = (3, -1)_\mathcal{R}\}$ constituye una referencia afín de $\mathcal{A}$ y encontrar las coordenadas afines del punto $P = (1, 2)_\mathcal{R}$ respecto de dicha referencia afín.

(c) Encontrar una condición necesaria y suficiente para que cuatro puntos de un espacio afín tridimensional sean coplanarios.

2.7 Consideremos un espacio afín complejo de dimensión 4, $\mathcal{A}_\mathbb{C}^4$ y una referencia cartesiana suya $\mathcal{R} = \{O; \{e_1, \ldots, e_4\}\}$.

(a) Hallar las ecuaciones paramétricas y cartesianas del subespacio afín generado por los puntos de coordenadas

$$(1,0,1,2), (1,-2,1,4), (1,1,1,1), (0,0,i,3+i).$$

(b) Dar la ecuaciones paramétricas y cartesianas de la recta que pasa por el punto de coordenadas $(1,2,i,-i)$ y corta a los subespacios afines:
$L_1 \equiv \begin{cases} x_1 + x_2 + ix_3 = 1 \\ x_1 - ix_4 = 0 \end{cases}$ y L_2 es la recta que pasa por el punto de coordenadas $(1,1,0,0)$ y tiene como vector de dirección el de componentes $(1,1,i,i)$.

2.8 Consideremos en un espacio afín $\mathcal{A}$, de dimensión finita, dos subespacios afines no vacíos L_1 y L_2 tales que $L_1 \cap L_2 = \emptyset$, $L_1 + L_2 = \mathcal{A}$, y $\dim L_1 + \dim L_2 = \dim \mathcal{A} - 1$.

(a) Probar que existe un único hiperplano afín H_1 tal que contiene a L_1 y es paralelo a L_2. Análogamente existirá un único hiperplano H_2 que contenga a L_2 y sea paralelo a L_1.

(b) Sea P un punto de $\mathcal{A} - (H_1 \cup H_2)$. Probar que existe una y sólo una recta que pase por P y corte a L_1 y L_2.

2.9 En $\mathcal{A} = \mathbb{R}^4$ se considera el sistema de referencia canónico $\mathcal{R}$ y el sistema de referencia $\mathcal{R}' = \{O'; \{e_1', \ldots, e_4'\}\}$ dado por $O' = (3,0,2,1)$; $e_1' = (1,0,1,1)$; $e_2' = (1,1,0,0)$; $e_3' = (1,2,0,0)$; $e_4' = (0,3,1,0)$.

(a) Hallar las ecuaciones de los cambios de referencia de $\mathcal{R}'$ a $\mathcal{R}$ y de $\mathcal{R}$ a $\mathcal{R}'$ y determinar las coordenadas respecto de $\mathcal{R}'$ de los puntos $(0,1,0,-2)$ y $(-1,1,1,-1)$.

(b) Respecto de la referencia $\mathcal{R}'$ encontrar las ecuaciones paramétricas y cartesianas de los siguientes subespacios afines:

$$L_1 \equiv \begin{cases} 2x_1 - 2x_2 + 4x_3 - 5x_4 = 5 \\ 2x_1 - 3x_2 + 6x_3 - 8x_4 = 9 \end{cases} \quad \text{y} \quad L_2 \equiv \begin{cases} x_1 = \lambda - \mu \\ x_2 = 1 + \mu \\ x_3 = \lambda + \mu \\ x_4 = -2 + \lambda. \end{cases}$$

2.10 Sean $\mathcal{A}$ y $\mathcal{A}'$ dos espacios afines sobre sendos espacios vectoriales reales V y V' y consideremos una aplicación $f: \mathcal{A} \to \mathcal{A}'$. Probar que f es una aplicación afín si y solamente si f preserva las combinaciones afines, es decir, si

$$f(\lambda_1 A_1 + \cdots + \lambda_m A_m) = \lambda_1 f(A_1) + \cdots + \lambda_m f(A_m),$$

para cualesquiera $A_1, \ldots, A_m \in \mathcal{A}$ y $\lambda_1, \ldots, \lambda_m$ escalares tales que $\sum_{i=1}^{m} \lambda_i = 1$. En particular, f transforma el baricentro de r puntos en el baricentro de sus imágenes.

2.11 Dados tres puntos alineados y distintos A_1, A_2, A_3 de un espacio afín $\mathcal{A}$ se denomina *razón simple* de A_1, A_2, A_3, y se escribe (A_1, A_2, A_3), al escalar α tal que $\overrightarrow{A_1 A_3} = \alpha \overrightarrow{A_1 A_2}$.

(a) Calcular en función de α las seis razones simples que se obtienen al permutar los tres puntos A_1, A_2, A_3.

(b) Probar que toda aplicación afín conserva la razón simple de tres puntos alineados.

(c) Deducir de (b) el **Teorema de Tales** (véase la figura 2.9):

En un espacio afín $\mathcal{A}$, sean H_1, H_2, H_3 tres hiperplanos paralelos distintos y sean r, s dos rectas afines no paralelas a H_i ($i = 1, 2, 3$). Si llamamos $A_i = r \cap H_i$, y $B_i = s \cap H_i$, entonces se cumple:

$$(A_1, A_2, A_3) = (B_1, B_2, B_3).$$

[Indicación: Construye una proyección afín $f \colon \mathcal{A} \to \mathcal{A}$ tal que $\operatorname{Im} f = s$ y $f(A_i) = B_i, i = 1, 2, 3$.]

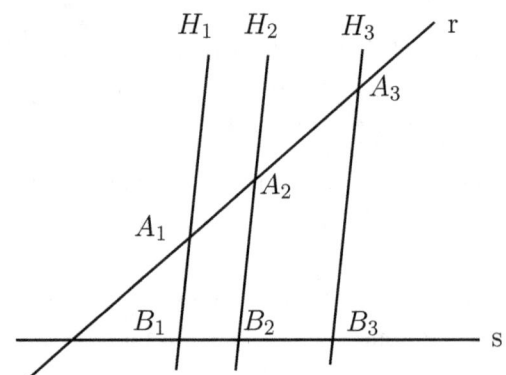

Figura 2.9: Teorema de Tales.

2.12 Consideremos la aplicación afín $f \colon \mathbb{R}^4 \to \mathbb{R}^4$ dada por

$$f(x_1, x_2, x_3, x_4) = (2x_1 + 4x_2 + 1, -3x_2 + x_3, -2x_1 - 2x_3 + 2x_4 - 1, -x_1 + x_2 - x_3).$$

(a) Hallar las ecuaciones paramétricas de las imágenes inversas de los subespacios $E = \{(2, 0, 0, 1)\}$ y $F = (1, 0, -1, 0) + L((2, 2, 0, 0))$.

(b) Hallar las ecuaciones cartesianas del subespacio afín S de $\mathbb{R}^4$ que es paralelo a $\mathrm{Im}f$, tiene su misma dimensión y pasa por el punto $(0,0,0,0)$.

(c) Encontrar cuatro puntos A_1, A_2, A_3, A_4 de $\mathbb{R}^4$ tales que los puntos $f(A_1)$, $f(A_2), f(A_3), f(A_4)$ sean coplanarios.

2.13 Sea $\mathcal{R} = \{O; \{e_1, e_2, e_3\}\}$ un sistema de referencia de un espacio afín tridimensional $\mathcal{A}$. Respecto de este sistema de referencia, se considera la transformación afín f de $\mathcal{A}$ que aplica el origen O en el punto de coordenadas $(3,1,1)$, y tal que el plano $\pi \equiv x_1 + 2x_2 - x_3 + 1 = 0$ es un plano de puntos fijos de f. Determinar la expresión matricial de f respecto de $\mathcal{R}$. ¿Es f biyectiva?

2.14 Sea $\mathcal{R} = \{O; \{e_1, e_2\}\}$ un sistema de referencia de un espacio afín $\mathcal{A}$ y $\mathcal{R}' = \{O'; \{e_1', e_2', e_3'\}\}$ un sistema de referencia de un espacio afín $\mathcal{A}'$. Se considera la aplicación afín $f: \mathcal{A} \to \mathcal{A}'$ que, respecto de los sistemas de referencia anteriores, transforma los puntos $(2,2), (2,3)$ en los puntos $(1,2,2), (-1,2,1)$ respectivamente, y que cumple $\overline{f}(1,1) = (0,1,0)$.

(a) Calcular la expresión matricial de f respecto de las referencias $\mathcal{R}$ y $\mathcal{R}'$. ¿Es f inyectiva? ¿Es sobreyectiva?

(b) Calcular las ecuaciones paramétricas del subespacio afín generado por $f(\mathcal{P})$, siendo $\mathcal{P} = \{(1,1), (1,3), (1,-1)\}$. ¿Qué dimensión tiene dicho subespacio?

2.15 Sea $f: \mathbb{R}^3 \to \mathbb{R}^4$ la aplicación afín dada por $f(x_1, x_2, x_3) = (x_1 - 3x_2 + 1, 2x_1 + 2x_2 - 5, x_3 + 3, x_3)$.

(a) Dar la expresión matricial de f respecto de los sistemas de referencia canónicos de $\mathbb{R}^3$ y $\mathbb{R}^4$.

(b) ¿Es f inyectiva? ¿Es f sobreyectiva?

(c) Hallar la expresión matricial de f respecto de los sistemas de referencia $\mathcal{R} = \{O = (1,1,1); \mathcal{B} = \{e_1 = (1,2,0), e_2 = (0,1,2), e_3 = (2,0,1)\}\}$ de $\mathbb{R}^3$, y $\mathcal{R}' = \{O' = (1,1,1,1); \mathcal{B}' = \{e_1' = (1,2,0,0), e_2' = (0,1,2,0), e_3' = (2,0,1,0), e_4' = (0,0,1,2)\}\}$ de $\mathbb{R}^4$.

2.16 Sea $f: \mathbb{R}^3 \to \mathbb{R}^3$ la transformación afín dada por

$$f(x_1, x_2, x_3) = (x_1 + 2x_2 + x_3 + 1, x_2 - x_3 + 2, x_1 - 1).$$

(a) Probar que f tiene un único punto fijo.

(b) Encontrar las rectas invariantes por f.

2.17 Sea f una transformación afín de un espacio afín real. Probar que:

(a) Si f^2 tiene algún punto fijo, entonces f también tiene algún punto fijo.

(b) Si existe algún $n \in \mathbb{N}$ tal que f^n tiene algún punto fijo, entonces f también tiene algún punto fijo.

2.18 En el espacio afín $\mathbb{R}^3$ con respecto a la referencia canónica $\mathcal{R}_0$ se considera la traslación de vector $v = (-2, 2, 7)$ y la homotecia $h_{(C,r)}$ de centro $C = (1, -3, 2)$ y razón $r = 6$. Hallar la expresión matricial de $t_v \circ h_{(C,r)}$. ¿Es la aplicación obtenida una transformación afín? ¿Es una traslación? ¿Es una homotecia? Justifica las respuestas.

2.19 (a) Sea $\mathcal{A}$ un espacio afín con un sistema de referencia $\mathcal{R}$. Sea $f \colon \mathcal{A} \to \mathcal{A}$ una transformación afín que está dada matricialmente respecto de $\mathcal{R}$ por $f(X) = C + MX$. Probar

(i) f es una proyección afín $\Longleftrightarrow \begin{cases} M^2 = M, \text{ y} \\ MC = 0. \end{cases}$

(ii) f es una simetría afín $\Longleftrightarrow \begin{cases} M^2 = I, \text{ y} \\ (M+I)C = 0. \end{cases}$

(b) En $\mathbb{R}^3$ con su estructura afín usual se considera la aplicación $f \colon \mathbb{R}^3 \to \mathbb{R}^3$ dada por $f(x, y, z) = (2x - y - 2, 2x - y - 4, z)$.

Probar que f es una proyección afín y calcular el subespacio de todos los puntos fijos de f.

(c) En $\mathbb{R}^2$ con su estructura afín usual, se considera la aplicación $g \colon \mathbb{R}^2 \to \mathbb{R}^2$ dada por $g(x, y) = (x + 2y + 1, -y - 1)$.

Probar que g es una simetría afín y calcular el subespacio de todos los puntos fijos de g.

2.20 Sea $\mathcal{A}$ un espacio afín real sobre un espacio vectorial V. Se considera la traslación t_v y la homotecia $h_{(C,a)}$ para $a \in \mathbb{R} - \{0, 1\}$, $C \in \mathcal{A}$ y $v \in V$.

(a) Probar que los subespacios afines invariantes por $h_{(C,a)}$ son precisamente aquellos que contienen a C.

(b) La composición $h_{(C,a)} \circ t_v$, ¿es una transformación afín? ¿tiene algún punto fijo? ¿es una homotecia? ¿coincide con la composición $t_v \circ h_{(C,a)}$?

Capítulo 3

Espacios Afines Euclídeos

En este tema vamos a estudiar las propiedades de un espacio afín cuando al espacio vectorial asociado se le dota de un producto escalar. Esta estructura adicional nos permitirá definir nociones como la distancia entre puntos, distancia entre subespacios afines, ortogonalidad de subespacios afines, etc. También estudiaremos los movimientos rígidos, esto es, las aplicaciónes afines que preservan las distancias entre puntos.

3.1. Definiciones y propiedades básicas

Definición 3.1.1. *Sea $\mathcal{A}$ un espacio afín sobre un espacio vectorial real V. Se dice que $\mathcal{A}$ es un **espacio afín euclídeo** si V está dotado con un producto escalar $\langle\ ,\ \rangle$, es decir, si $(V, \langle\ ,\ \rangle)$ es un espacio vectorial euclídeo.*

Distancia entre dos puntos

En un espacio afín euclídeo se define la **distancia entre dos puntos** A y B como la norma del vector que los une, esto es,

$$d(A, B) = \|\overrightarrow{AB}\|, \qquad \forall A, B \in \mathcal{A}.$$

Se tiene por tanto una aplicación $d \colon \mathcal{A} \times \mathcal{A} \to \mathbb{R}$ llamada **aplicación distancia**, que cumple las siguientes propiedades.

Proposición 3.1.2. *Sean A, B, C puntos arbitrarios de un espacio afín euclídeo $\mathcal{A}$. Entonces,*

(1) $d(A, B) \geq 0$; $d(A, B) = 0$ si y solo si $A = B$,

(2) $d(A, B) = d(B, A)$,

*(3) $d(A, C) \leq d(A, B) + d(B, C)$ (**desigualdad triangular**).*

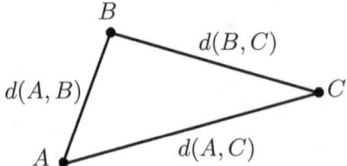

Figura 3.1: Distancias entre puntos y desigualdad triangular: $d(A,C) \leq d(A,B) + d(B,C)$.

Demostración. Son consecuencia de las correspondientes propiedades de la norma:

(1) $d(A,B) = \|\overrightarrow{AB}\| \geq 0$; $d(A,B) = \|\overrightarrow{AB}\| = 0 \Leftrightarrow \overrightarrow{AB} = 0 \Leftrightarrow A = B$.

(2) $d(A,B) = \|\overrightarrow{AB}\| = \|\overrightarrow{BA}\| = d(B,A)$.

(3) $d(A,C) = \|\overrightarrow{AC}\| = \|\overrightarrow{AB} + \overrightarrow{BC}\| \leq \|\overrightarrow{AB}\| + \|\overrightarrow{BC}\| = d(A,B) + d(B,C)$.

Esta última propiedad se puede enunciar diciendo que en un triángulo la suma de las longitudes de dos lados es mayor o igual que la longitud del tercer lado (véase la figura 3.1).   □

Ejemplo 3.1.3. *Consideremos el espacio afín euclídeo $\mathbb{R}^n$ sobre $V = \mathbb{R}^n$ con el producto escalar usual. La distancia entre dos puntos $A = (a_1, \ldots, a_n)$, $B = (b_1, \ldots, b_n)$ de $\mathbb{R}^n$ es la norma del vector $\overrightarrow{AB} = (b_1 - a_1, \ldots, b_n - a_n)$, es decir:*

$$d(A,B) = \sqrt{(b_1 - a_1)^2 + \cdots + (b_n - a_n)^2}.$$

Ejemplo 3.1.4. *Si consideramos el espacio afín euclídeo $\mathbb{R}^2$ sobre $V = \mathbb{R}^2$ con el producto escalar que con respecto a la base canónica tiene matriz de Gram*

$$\begin{pmatrix} 1 & -1 \\ -1 & 2 \end{pmatrix},$$

la distancia entre dos puntos $A = (a_1, a_2)$, $B = (b_1, b_2)$ es la norma del vector $\overrightarrow{AB} = (b_1 - a_1, b_2 - a_2)$, o sea:

$$d(A,B) = \sqrt{\begin{pmatrix} b_1 - a_1 & b_2 - a_2 \end{pmatrix} \begin{pmatrix} 1 & -1 \\ -1 & 2 \end{pmatrix} \begin{pmatrix} b_1 - a_1 \\ b_2 - a_2 \end{pmatrix}}.$$

Por ejemplo, la distancia entre $(0,0)$ y $(1,1)$ sería 1, mientras que con el producto escalar usual en V, la distancia sería $\sqrt{2}$.

Sistema de referencia rectangular

Definición 3.1.5. *Sea $\mathcal{A}$ un espacio afín euclídeo sobre $(V, \langle \ , \ \rangle)$. Se dice que un sistema de referencia $\mathcal{R} = \{O; \mathcal{B}\}$ de $\mathcal{A}$ es **rectangular** si $\mathcal{B}$ es una base ortonormal de $(V, \langle \ , \ \rangle)$.*

Con respecto a un sistema de referencia rectangular $\mathcal{R} = \{O; \mathcal{B}\}$, la expresión en coordenadas de la distancia entre dos puntos $A = (a_1, \ldots, a_n)_\mathcal{R}$, $B = (b_1, \ldots, b_n)_\mathcal{R}$ de $\mathcal{A}$ es especialmente sencilla. Se tiene

$$\overrightarrow{AB} = B - A = (b_1 - a_1, \ldots, b_n - a_n)_\mathcal{B}.$$

Puesto que $\mathcal{B}$ es una base ortonormal, resulta:

$$d(A, B) = \|\overrightarrow{AB}\| = \sqrt{(b_1 - a_1)^2 + \cdots + (b_n - a_n)^2},$$

que es la misma expresión que obtuvimos en el ejemplo 3.1.3.

3.2. Ortogonalidad y subespacios afines

En adelante, $\mathcal{A}$ denotará un espacio afín euclídeo sobre un espacio vectorial V dotado con un producto escalar $\langle \ , \ \rangle$.

Subespacios afines ortogonales

Definición 3.2.1. *Diremos que dos subespacios afines $L_1 = A_1 + U_1$, $L_2 = A_2 + U_2$ de $\mathcal{A}$ son **ortogonales** (o **perpendiculares**) si*

$$U_1 \subset U_2^\perp \quad (\text{o, equivalentemente,} \quad U_2 \subset U_1^\perp). \tag{3.1}$$

Es decir, L_1 y L_2 son ortogonales si y solamente si $\langle u_1, u_2 \rangle = 0$, para cualesquiera $u_1 \in U_1, u_2 \in U_2$.

Ejemplo 3.2.2. *Consideremos el espacio afín eucídeo $\mathcal{A} = \mathbb{R}^3$ sobre $V = \mathbb{R}^3$ con el producto escalar usual. Consideremos las rectas*

$$r \equiv \begin{cases} x = 3 + 2\lambda \\ y = -7 + 2\lambda \\ z = 2 + \lambda \end{cases}, \qquad s \equiv \begin{cases} x = 1 + \lambda \\ y = -\lambda \\ z = 1. \end{cases}$$

Estas rectas son perpendiculares, ya que sus direcciones $U_r = L((2, 2, 1))$ y $U_s = L((1, -1, 0))$ satisfacen la condición (3.1) por ser los vectores directores perpendiculares entre sí: $\langle (2, 2, 1), (1, -1, 0) \rangle = 0$. Observemos que la intersección $r \cap s$ es vacía, ya que el sistema resultante de reunir las ecuaciones de r y s es incompatible. Por lo tanto, las rectas r y s se cruzan y son perpendiculares.

Complementos ortogonales de un subespacio afín

Definición 3.2.3. *Dado un subespacio afín L con dirección U, llamamos **complemento ortogonal** de L a cualquier subespacio afín cuya dirección sea $U^\perp$. En ese caso, decimos que ambos subespacios son **suplementarios ortogonales**.*

Proposición 3.2.4. *La intersección de dos subespacios suplementarios ortogonales es exactamente un punto.*

Demostración. En primer lugar, observemos que $L_1 \cap L_2$ no puede ser vacío pues si lo fuera, por el corolario 2.5.8 (b), se tendría $\dim(L_1+L_2) = \dim L_1 + \dim L_2 + 1 = n+1$, lo cual es imposible. Por tanto, $L_1 \cap L_2 \neq \emptyset$, y por el corolario 2.5.8 (a), se tiene que

$$\dim L_1 \cap L_2 = \dim L_1 + \dim L_2 - \dim(L_1 + L_2) = 0,$$

lo que significa que $L_1 \cap L_2$ se reduce a un punto.

Otra demostración.

Sean $L_1 = A_1 + U$, $L_2 = A_2 + U^\perp$ dos subespacios suplementarios ortogonales. Consideremos un sistema de referencia de $\mathcal{A}$, $\mathcal{R} = \{O; \{e_1, \ldots, e_n\}\}$ tal que $\{e_1, \ldots, e_r\}$ sea una base de U y $\{e_{r+1}, \ldots, e_n\}$ lo sea de $U^\perp$. Entonces, las ecuaciones cartesianas de L_1 y L_2 son de la forma

$$L_1 \equiv \begin{cases} x_{r+1} = c_{r+1} \\ \vdots \\ x_n = c_n \end{cases}, \qquad L_2 \equiv \begin{cases} x_1 = c_1 \\ \vdots \\ x_r = c_r. \end{cases}$$

Luego $L_1 \cap L_2$ es el punto de coordenadas $(c_1, \ldots, c_n)_{\mathcal{R}}$. □

Ejemplo 3.2.5. *Consideremos el espacio afín euclídeo $\mathcal{A} = \mathbb{R}^3$ sobre $V = \mathbb{R}^3$ con el producto escalar usual. Vamos a hallar el complemento ortogonal de la recta $r = (3, -7, 2) + L((2, 2, 1))$ que pasa por el punto $(1, 1, -1)$.*

Como el espacio de direcciones de r es $U = L((2, 2, 1))$, $U^\perp$ tiene ecuación cartesiana

$$2x + 2y + z = 0.$$

Cualquier complemento ortogonal de r tendrá ecuación cartesiana de la forma

$$2x + 2y + z = d.$$

Para hallar el complemento ortogonal que pasa por el punto $(1, 1, -1)$, calculamos d por la condición:

$$(2 \cdot 1) + (2 \cdot 1) + (1 \cdot (-1)) = d \Rightarrow d = 3.$$

Por tanto, el complemento ortogonal de r que pasa por $(1, 1, -1)$ tiene ecuación cartesiana

$$\pi \equiv 2x + 2y + z = 3.$$

La intersección de este plano con r es un punto $P = (3, -7, 2) + \lambda(2, 2, 1)$ tal que $2(3 + 2\lambda) + 2(-7 + 2\lambda) + (2 + \lambda) = 3$, de donde $\lambda = 1$. Luego, $P = (5, -5, 3)$.

Proyección ortogonal de un punto sobre un subespacio afín

Para definir la proyección ortogonal de un punto sobre un subespacio afín de un espacio afín euclídeo vamos a establecer previamente el siguiente resultado.

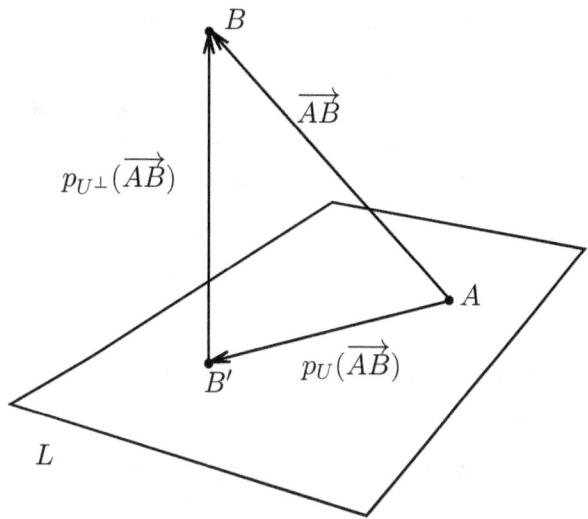

Figura 3.2: Proyección ortogonal de B sobre el subespacio afín $L = A + U$.

Proposición 3.2.6. *Dado un subespacio afín L con dirección U y un punto $B \in \mathcal{A}$, existe un único punto $B' \in L$ que verifica que el vector $\overrightarrow{B'B}$ es ortogonal a U (véase la figura 3.2) .*

Demostración. Tomemos un punto cualquiera $A \in L$ y consideremos la proyección ortogonal sobre U del vector $\overrightarrow{AB}$, $p_U(\overrightarrow{AB})$.

Veamos que el punto $B' = A + p_U(\overrightarrow{AB}) \in L$ cumple lo pedido. En efecto, se tiene que

$$\overrightarrow{AB} = \overrightarrow{AB'} + \overrightarrow{B'B} = p_U(\overrightarrow{AB}) + \overrightarrow{B'B}.$$

Por otra parte, sabemos que el vector $\overrightarrow{AB}$ admite la siguiente descomposición:

$$\overrightarrow{AB} = p_U(\overrightarrow{AB}) + p_{U^\perp}(\overrightarrow{AB}). \tag{3.2}$$

Igualando ambas descomposiciones obtenemos que

$$\overrightarrow{B'B} = p_{U^\perp}(\overrightarrow{AB}) \in U^\perp. \tag{3.3}$$

Finalmente, la unicidad de B' se deduce de la unicidad de la descomposición $\overrightarrow{AB} = \overrightarrow{AB'} + \overrightarrow{B'B} \in U \oplus U^\perp = V.$ □

Definición 3.2.7. *El punto $B' = A + p_U(\overrightarrow{AB})$ recibe el nombre de* **proyección ortogonal de B sobre L**, *y se denota por $p_L(B)$.*

Obsérvese que de la descomposición (3.2) se deduce que hay dos formas equivalentes de expresar $p_L(B)$ (véase la figura 3.2):

$$\boxed{p_L(B) = A + p_U(\overrightarrow{AB}) = B - p_{U^\perp}(\overrightarrow{AB}),} \tag{3.4}$$

siendo el resultado final independiente del punto $A \in L$ escogido.

Así, hemos obtenido una aplicación $p_L \colon \mathcal{A} \to \mathcal{A}$, $p_L(B) = B'$, que llamaremos **proyección ortogonal sobre L**, y tiene las siguientes propiedades.

Proposición 3.2.8. *Sea L un subespacio afín de $\mathcal{A}$ con dirección U. La proyección ortogonal $p_L \colon \mathcal{A} \to \mathcal{A}$ verifica:*

(a) *$p_L|_L = Id_L$ y $Im(p_L) = L$.*

(b) *p_L es una aplicación afín cuya aplicación lineal subyacente es la proyección ortogonal sobre el subespacio vectorial U, $p_U \colon V \to V$.*

(c) *$p_L^2 = p_L$ (o sea, p_L es una proyección afín) y su subespacio de puntos fijos es L.*

(d) *$p_L^{-1}(A)$ con $A \in L$ es el complemento ortogonal de L que pasa por A.*

Demostración.

(a) Fijemos $A \in L$. Para cualquier otro punto $B \in L$ se tiene que $\overrightarrow{AB} \in U$, luego $p_U(\overrightarrow{AB}) = \overrightarrow{AB}$ (proposición 1.5.8 (b)). Tenemos por tanto

$$p_L(B) = A + p_U(\overrightarrow{AB}) = A + \overrightarrow{AB} = B.$$

Esto demuestra que $p_L|_L = Id_L$ y que $L \subset Im(p_L)$. Como obviamente $Im(p_L) \subset L$, tenemos la igualdad deseada.

(b) Para $A \in L$ tenemos, por la propiedad anterior, $p_L(A) = A$. Luego de la expresión $p_L(B) = A + p_U(\overrightarrow{AB})$, deducimos que $p_L(B) = p_L(A) + p_U(\overrightarrow{AB})$ y por tanto, $\overline{p}_L = p_U$, la cual es una aplicación lineal.

(c) Es inmediato a partir de (a).

(d) Para cada $A \in L$, usando las proposiciones 2.6.12 y 1.5.8(c), tenemos que

$$p_L^{-1}(A) = A + \ker p_U = A + U^\perp. \qquad \square$$

Ejemplo 3.2.9. *Consideremos el espacio afín euclídeo $\mathcal{A} = \mathbb{R}^3$ asociado a $V = \mathbb{R}^3$ con el producto escalar usual. Vamos a calcular la proyección ortogonal del punto $B = (1, 3, -1)$ sobre la recta*

$$r \equiv \begin{cases} x = 2\lambda \\ y = 2 - \lambda \\ z = 1 + 2\lambda, \end{cases}$$

*es decir, $r = A + U$ con $A = (0, 2, 1)$ y $U = L((2, -1, 2))$. Entonces, $\overrightarrow{AB} = (1, 1, -2)$
y*

$$p_U(\overrightarrow{AB}) = \frac{\langle(1, 1, -2), (2, -1, 2)\rangle}{\|(2, -1, 2)\|^2}(2, -1, 2) = -\frac{3}{9}(2, -1, 2).$$

Por tanto, la proyección ortogonal de B sobre r es

$$p_r(B) = A + p_U(\overrightarrow{AB}) = (0, 2, 1) + (-2/3, 1/3, -2/3) = (-2/3, 7/3, 1/3).$$

Sea L un subespacio afín y $B \in \mathcal{A}$. Denotamos por $L_B^\perp$ al complemento ortogonal de L que pasa por el punto B, esto es, $L_B^\perp = B + U^\perp$. El siguiente resultado establece otra manera de calcular la proyección ortogonal de un punto B sobre un subespacio afín L.

Proposición 3.2.10. $L \cap L_B^\perp = \{p_L(B)\}$, *para cualquier* $B \in \mathcal{A}$.

Demostración. Sabemos por la proposición 3.2.4 que $L \cap L_B^\perp$ consta exactamente de un punto y como, por las dos expresiones de $p_L(B)$ dadas en (3.4) tenemos

$$p_L(B) = A + p_U(\overrightarrow{AB}) = B - p_{U^\perp}(\overrightarrow{AB}) \in L \cap L_B^\perp,$$

obtenemos el resultado. □

Ejemplo 3.2.11. *Consideremos el espacio afín euclídeo $\mathcal{A} = \mathbb{R}^3$ asociado a $V = \mathbb{R}^3$ con el producto escalar usual. Vamos a utilizar la proposición anterior para calcular la proyección ortogonal del punto $B = (1, 3, -1)$ sobre la recta*

$$r \equiv \begin{cases} x = 2\lambda \\ y = 2 - \lambda \\ z = 1 + 2\lambda. \end{cases}$$

En este caso $r_B^\perp$ es un plano, y un vector perpendicular a él es el vector director de la recta r. Por tanto:

$$r_B^\perp \equiv 2x - y + 2z + d = 0.$$

Ahora bien, $B = (1, 3, -1) \in r_B^\perp$. Luego:

$$d = -2 \cdot 1 + 3 - 2 \cdot (-1) = 3.$$

A continuación calculamos el punto de intersección entre ambos subespacios sustituyendo la expresión genérica de un punto de r en las ecuaciones cartesianas de $r_B^\perp$:

$$2(2\lambda) - (2 - \lambda) + 2(1 + 2\lambda) + 3 = 0 \Rightarrow \lambda = -1/3.$$

Finalmente, sustituimos el valor obtenido para λ en las ecuaciones paramétricas de r y obtenemos:

$$x = 2(-1/3) = -2/3, \quad y = 2 - (-1/3) = 7/3, \quad z = 1 + 2(-1/3) = 1/3.$$

Por tanto, la proyección ortogonal de B sobre r es $p_r(B) = (-2/3, 7/3, 1/3)$. Compárese este método con el empleado en el ejemplo anterior.

Simetría ortogonal respecto de un subespacio afín

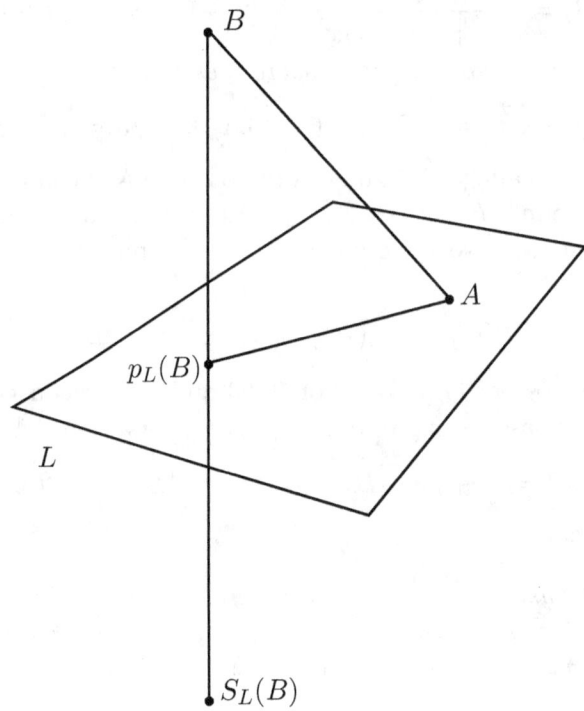

Figura 3.3: Simetría ortogonal afín con respecto al subespacio afín $L = A + U$.

Definición 3.2.12. *Para cada punto $B \in \mathcal{A}$, se llama **simétrico de B con respecto al subespacio afín L de $\mathcal{A}$** al punto $S_L(B) = B + 2\overrightarrow{B p_L(B)}$ (véase la figura 3.3).*

Ejemplo 3.2.13. *En el ejemplo anterior el simétrico del punto B respecto de la recta r es el punto*

$$S_r(B) = B + 2\overrightarrow{B p_r(B)} = (1, 3, -1) + 2(-1/3, -2/3, -2/3) = (1/3, 5/3, -7/3).$$

La aplicación $S_L : \mathcal{A} \to \mathcal{A}$ que a cada punto $B \in \mathcal{A}$ le hace corresponder su simétrico respecto de L, recibe el nombre de **simetría ortogonal respecto del subespacio L** y tiene las siguientes propiedades.

Proposición 3.2.14. *Sea $L = A + U$ un subespacio afín de $\mathcal{A}$. Entonces $S_L : \mathcal{A} \to \mathcal{A}$ verifica:*

(a) $S_L|_L = Id_L$.

(b) $S_L(B) = B - 2p_{U^\perp}(\overrightarrow{AB})$, $\forall B \in \mathcal{A}$.

(c) $S_L(B) = A + S_U(\overrightarrow{AB})$, $\forall B \in \mathcal{A}$, *y por tanto* S_L *es una aplicación afín cuya aplicación lineal subyacente es la simetría ortogonal* $S_U : V \to V$.

(d) $S_L^2 = Id_{\mathcal{A}}$, *es decir, es una simetría afín, y su subespacio de puntos fijos es* L.

Demostración.

(a) Si $B \in L$ entonces $p_L(B) = B$ y por consiguiente, $S_L(B) = B + 2\overrightarrow{BB} = B$.

(b) Es consecuencia de la fórmula (3.4).

(c) Por (b) y usando que $S_U = Id_V - 2p_{U^\perp}$, tenemos que:

$$S_L(B) = B - 2p_{U^\perp}(\overrightarrow{AB}) = B + S_U(\overrightarrow{AB}) - \overrightarrow{AB} = A + S_U(\overrightarrow{AB}).$$

(d) $S_L^2(B) = S_L(A + S_U(\overrightarrow{AB})) = A + S_U^2(\overrightarrow{AB}) = A + \overrightarrow{AB} = B$. Para la última parte, recordemos que los puntos fijos de una simetría afín son los puntos medios de los pares formados por un punto y su imagen, o sea los puntos medios de B y $B + 2\overrightarrow{Bp_L(B)}$, que son precisamente los puntos de la imagen de p_L, esto es, los puntos de L. $\qquad\square$

3.3.   Distancia entre dos subespacios de un espacio afín euclídeo

Definición 3.3.1. *Dados dos subconjuntos no vacíos* C_1 *y* C_2 *de* $\mathcal{A}$*, se define la **distancia entre** C_1 **y** C_2 *como el número*

$$d(C_1, C_2) := \inf\{d(B_1, B_2) : B_1 \in C_1, \, B_2 \in C_2\}$$

En algunos casos puede que exista un par de puntos para los que se alcance el ínfimo y en otros no. Por ejemplo, en el plano afín euclídeo $\mathbb{R}^2$ sobre sí mismo con el producto escalar usual, la distancia entre el conjunto $\{(x, e^x) : x \in \mathbb{R}\}$ y la recta $y = 0$ es 0, a pesar de que la distancia entre dos cualesquiera de sus puntos es siempre positiva.

En esta sección vamos a probar que, en el caso particular de dos subespacios afines, el ínfimo anterior es un mínimo que se alcanza para un cierto par de puntos. En particular, la distancia entre dos subespacios afines será 0 si y solamente si los subespacios se cortan.

Distancia de un punto a un subespacio afín

Sea $L = A + U$ un subespacio afín y B un punto de un espacio afín euclídeo. Según la definición anterior, la distancia de B a L es:

$$d(B, L) = \inf\{d(B, P) : P \in L\}.$$

Vamos a ver que este ínfimo es un mínimo que se alcanza precisamente para $P = p_L(B)$.

Proposición 3.3.2. *Dado un subepacio afín $L = A+U$ y un punto B de un espacio afín euclídeo se verifica que*

$$d(B, p_L(B)) \leq d(B, P), \text{ para todo } P \in L,$$

y la igualdad se da si y solamente si

$$P = A + \overrightarrow{AP} = A + p_U(\overrightarrow{AB}) = p_L(B).$$

En particular,

$$\boxed{d(B, L) = d(B, p_L(B)).}$$

Demostración. Sea P un punto arbitrario de L. Entonces:

- $d(B, P) = \|\overrightarrow{BP}\| = \|\overrightarrow{BA} + \overrightarrow{AP}\| = \|u - v\|, \quad$ siendo $v = \overrightarrow{AB}$, $u = \overrightarrow{AP} \in U$.

- $d(B, p_L(B)) = \|\overrightarrow{Bp_L(B)}\| = \|p_U(\overrightarrow{AB}) - \overrightarrow{AB}\| = \|p_U(v) - v\|$.

Por el lema 1.5.13 del primer capítulo sabemos que:

$$\|p_U(v) - v\| \leq \|u - v\|, \ \forall v \in V, u \in U,$$

y la igualdad se da solamente para $u = p_U(v) = p_U(\overrightarrow{AB})$.
Por tanto, $d(B, p_L(B)) \leq d(B, P)$, y la igualdad se da solamente para $P = p_L(B)$.
Como P es un punto arbitrario de L, deducimos finalmente que

$$d(B, p_L(B)) = \inf\{d(B, P) : P \in L\} = d(B, L). \qquad \square$$

Corolario 3.3.3. *Dado un subespacio afín $L = A+U$ y un punto $B \in \mathcal{A}$ se verifica que*

$$\boxed{d(B, L) = \|p_{U^\perp}(\overrightarrow{AB})\|.}$$

Demostración. La distancia de B a L viene dada por la norma del vector $\overrightarrow{Bp_L(B)} = -p_{U^\perp}(\overrightarrow{AB})$ (recuérdese la ecuación (3.4)). $\qquad \square$

Corolario 3.3.4. *Si L es un hiperplano de $\mathcal{A}$ y $v \neq 0$ es un vector ortogonal a la dirección de L, entonces, para todo $B \in \mathcal{A}$, se verifica que*

$$d(B, L) = \frac{|\langle \overrightarrow{AB}, v \rangle|}{\|v\|},$$

siendo A cualquier punto de L.

Demostración. Es consecuencia del corolario anterior, teniendo en cuenta (ecuación (1.8)) que:

$$p_{U^\perp}(\overrightarrow{AB}) = \frac{\langle \overrightarrow{AB}, v \rangle}{\|v\|^2} v.$$

Ejemplo 3.3.5. *En $\mathbb{R}^4$ consideremos el hiperplano $L \equiv x_1 - x_3 + x_4 = 2$. Un vector ortogonal a la dirección de L es $v = (1, 0, -1, 1)$. Por tanto, la distancia del punto $B = (1, 1, 1, 1)$ a L es (tomando, por ejemplo, $A = (0, 0, 0, 2) \in L$),*

$$d(B, L) = \frac{|\langle (1, 1, 1, -1), (1, 0, -1, 1) \rangle|}{\|(1, 0, -1, 1)\|} = \frac{\sqrt{3}}{3}.$$

Distancia entre dos subespacios afines cualesquiera

Teorema 3.3.6. *Dados dos subespacios afines $L_1 = A_1 + U_1$, $L_2 = A_2 + U_2$ de un espacio afín euclídeo, se verifica que*

$$d(L_1, L_2) = d(A_1, L)$$

siendo $L = A_2 + (U_1 + U_2)$ el menor subespacio afín que contiene a L_2 y es paralelo a L_1 (véase la figura 3.4).

Demostración. Observemos en primer lugar que para cada par de vectores $u_1 \in U_1$ y $u_2 \in U_2$ podemos considerar los puntos

$$\begin{cases} P_1 = A_1 + u_1 \in L_1, \\ P_2 = A_2 + u_2 \in L_2, \text{ y} \\ Q = A_2 - u_1 + u_2 \in L, \end{cases}$$

que satisfacen

$$d(P_1, P_2) = d(A_1, Q).$$

Por tanto

$$d(A_1, L) = \inf\{d(A_1, Q) : Q \in L\} \le d(P_1, P_2), \forall P_1 \in L_1, P_2 \in L_2$$

lo que significa que

$$d(A_1, L) \le d(L_1, L_2). \tag{3.5}$$

Análogamente,

$$d(L_1, L_2) = \inf\{d(P_1, P_2) : P_1 \in L_1, P_2 \in L_2\} \le d(A_1, Q), \forall Q \in L$$

lo que significa que

$$d(L_1, L_2) \le d(A_1, L). \tag{3.6}$$

De (3.5) y (3.6) obtenemos finalmente la igualdad deseada. □

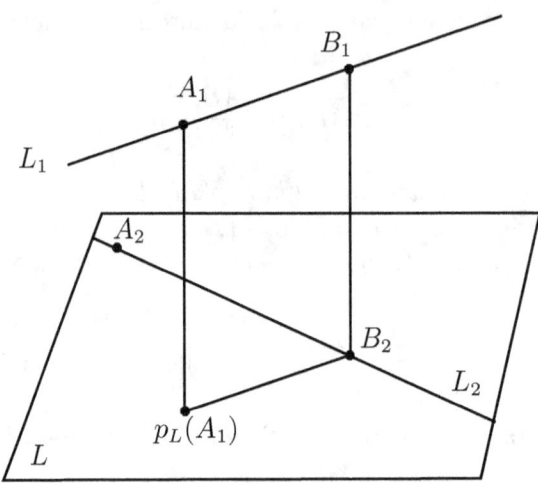

Figura 3.4: Distancia entre subespacios: $d(L_1, L_2) = d(A_1, p_L(A_1)) = d(B_1, B_2)$.

Observación 3.3.7. *Nótese que en la demostración anterior hemos probado que existen dos puntos $B_1 \in L_1$, $B_2 \in L_2$ tales que $d(L_1, L_2) = d(B_1, B_2)$; concretamente, si $p_L(A_1) = A_2 - u_1 + u_2$ con $u_1 \in U_1$ y $u_2 \in U_2$, podemos asegurar que $B_1 = A_1 + u_1 \in L_1$, $B_2 = A_2 + u_2 \in L_1$ cumplen que (véase la figura 3.4)*

$$d(L_1, L_2) = d(B_1, B_2).$$

Teniendo en cuenta el corolario 3.3.3 tenemos que $d(A_1, L) = \|p_{(U_1 + U_2)^{\perp}}(\overrightarrow{A_1 A_2})\|$. Además, es fácil comprobar (ejercicio 1.7(a)) que, $(U_1 + U_2)^{\perp} = U_1^{\perp} \cap U_2^{\perp}$, con lo que obtenemos el siguiente resultado.

Corolario 3.3.8. *Dados dos subespacios afines $L_1 = A_1 + U_1$, $L_2 = A_2 + U_2$ de un espacio afín euclídeo, se verifica que*

$$\boxed{d(L_1, L_2) = \|p_{U_1^{\perp} \cap U_2^{\perp}}(\overrightarrow{A_1 A_2})\|.}$$

Ejemplo 3.3.9. *En el espacio afín euclídeo $\mathcal{A} = \mathbb{R}^4$ con el producto escalar usual vamos a hallar la distancia entre las siguientes rectas:*

$$r = (0, 1, 1, 0) + L((1, -1, -1, 0)), \qquad s = (1, 1, 1, 0) + L((1, 1, -1, 0)).$$

Primer método. *Usaremos el corolario anterior.*
Llamemos $A_1 = (0, 1, 1, 0)$, $A_2 = (1, 1, 1, 0)$, $U_1 = L((1, -1, -1, 0))$, $U_2 = L((1, 1, -1, 0))$. Para calcular la proyección ortogonal del vector $\overrightarrow{A_1 A_2} = (1, 0, 0, 0)$ sobre el subespacio $U_1^{\perp} \cap U_2^{\perp}$, vamos a determinar una base ortogonal del mismo. Las

ecuaciones cartesianas de $U_1^\perp \cap U_2^\perp$ serían

$$\begin{cases} x - y - z = 0 \\ x + y - z = 0 \end{cases}$$

y las ecuaciones paramétricas

$$U_1^\perp \cap U_2^\perp \equiv \begin{cases} x = z = \lambda \\ y = 0 \\ t = \mu \end{cases}$$

de donde $U_1^\perp \cap U_2^\perp = L((1,0,1,0),(0,0,0,1))$. Como $\{(1,0,1,0),(0,0,0,1)\}$ es una base ortogonal de $U_1^\perp \cap U_2^\perp$, tenemos

$$p_{U_1^\perp \cap U_2^\perp}(1,0,0,0) = \frac{1}{2}(1,0,1,0) + 0.$$

Así pues, $d(r,s) = \|1/2(1,0,1,0)\| = \sqrt{2}/2$.

Segundo método. *Vamos a usar el teorema 3.3.6 y la proposición 3.2.10.*
Primero elegimos un punto arbitrario de r, por ejemplo, $A_1 = (0,1,1,0)$. A continuación, consideramos el plano π que contiene a s y es paralelo a r:

$$\pi \equiv \begin{cases} x = 1 + \lambda + \mu \\ y = 1 - \lambda + \mu \\ z = 1 - \lambda - \mu \\ t = 0 \end{cases} \tag{3.7}$$

Sabemos que

$$d(r,s) = d(A_1, \pi) = d(A_1, p_\pi(A_1))$$

Por tanto, previamente debemos hallar $p_\pi(A_1)$. Ahora bien, recordemos que $\pi \cap \pi_{A_1}^\perp = \{p_\pi(A_1)\}$, siendo las ecuaciones cartesianas de $\pi_{A_1}^\perp$

$$\pi_{A_1}^\perp \equiv \begin{cases} x - y - z + d = 0 \\ x + y - z + e = 0 \end{cases} \quad \text{para ciertos } c, d \in \mathbb{R}.$$

Como $A_1 = (0,1,1,0) \in \pi_{A_1}^\perp$, sustituyendo estos valores en las anteriores ecuaciones obtenemos $d = 2$, $e = 0$, que proporciona las ecuaciones

$$\pi_{A_1}^\perp \equiv \begin{cases} x - y - z + 2 = 0 \\ x + y - z = 0. \end{cases}$$

Por tanto, las coordenadas de la proyección $p_\pi(A_1)$ vienen dadas por (3.7) para los valores de λ y μ que satisfacen el siguiente sistema de ecuaciones

$$\begin{cases} (1 + \lambda + \mu) - (1 - \lambda + \mu) - (1 - \lambda - \mu) + 2 = 0 \\ (1 + \lambda + \mu) + (1 - \lambda + \mu) - (1 - \lambda - \mu) = 0. \end{cases} \Rightarrow \begin{cases} \lambda = -1/4 \\ \mu = -1/4. \end{cases}$$

En conclusión, $p_\pi(A_1) = (1/2, 1, 3/2, 0)$ y, por tanto,

$$d(r,s) = d(A_1, p_\pi(A_1)) = \sqrt{(1/2 - 0)^2 + (1 - 1)^2 + (3/2 - 1)^2 + 0^2} = \sqrt{2}/2.$$

Algunos casos particulares

Vamos a estudiar tres casos particulares en $\mathbb{R}^n$ como espacio afín euclídeo sobre sí mismo con el producto escalar usual. En los dos últimos usaremos el producto vectorial de dos vectores en $\mathbb{R}^3$. Pueden recordarse sus propiedades en la sección A.3 del Apéndice A.

Distancia de un punto a un hiperplano de $\mathbb{R}^n$.

Sean $B = (b_1, \ldots, b_n)$ un punto y $H \equiv \{c_1 x_1 + \cdots + c_n x_n + c_0 = 0\}$ un hiperplano de $\mathbb{R}^n$. Llamemos $c = (c_1, \ldots, c_n) \in \mathbb{R}^n$ y sea $A = (a_1, \ldots, a_n)$ un punto cualquiera de H. Entonces, por el corolario 3.3.4 tenemos

$$d(B, H) = \frac{|\langle \overrightarrow{AB}, c \rangle|}{\|c\|} = \frac{|\langle (b_1 - a_1, \ldots, b_n - a_n), c \rangle|}{\|c\|} = \frac{|b_1 c_1 + \cdots + b_n c_n + c_0|}{\sqrt{c_1^2 + \cdots + c_n^2}},$$

donde hemos usado que $c_1 a_1 + \cdots + c_n a_n + c_0 = 0$ pues $A \in H$.

Distancia entre dos rectas que se cruzan en $\mathbb{R}^3$.

Sean $r = A_1 + L(u_1)$ y $s = A_2 + L(u_2)$ dos rectas que se cruzan de $\mathbb{R}^3$. Entonces u_1, u_2 son linealmente independientes, y $u_1 \wedge u_2$ genera el subespacio $L(u_1, u_2)^\perp$. Por tanto,

$$d(r, s) = \|p_{L(u_1, u_2)^\perp}(\overrightarrow{A_1 A_2})\| = \frac{|\langle \overrightarrow{A_1 A_2}, u_1 \wedge u_2 \rangle|}{\|u_1 \wedge u_2\|} = \frac{|\det(\overrightarrow{A_1 A_2}, u_1, u_2)|}{\|u_1\|\|u_2\||\operatorname{sen} \angle(u_1, u_2)|}.$$

Distancia de un punto a una recta en $\mathbb{R}^3$.

Sea B un punto de $\mathbb{R}^3$ y r una recta que pasa por un punto A y tiene vector director u. Por el corolario 3.3.3 sabemos que

$$d(B, r) = \|p_{U^\perp}(\overrightarrow{AB})\|.$$

De la descomposición, $\overrightarrow{AB} = p_U(\overrightarrow{AB}) + p_{U^\perp}(\overrightarrow{AB}) \in L(u) \oplus (L(u))^\perp$, se deduce que

$$\overrightarrow{AB} \wedge u = p_{U^\perp}(\overrightarrow{AB}) \wedge u,$$

pues $p_U(\overrightarrow{AB})$ y u son proporcionales. De aquí:

$$\|\overrightarrow{AB} \wedge u\| = \|p_{U^\perp}(\overrightarrow{AB}) \wedge u\| = \|p_{U^\perp}(\overrightarrow{AB})\| \cdot \|u\|,$$

donde se ha tenido en cuenta que u y $p_{U^\perp}(\overrightarrow{AB})$ son ortogonales. Despejando, la distancia del punto B a la recta r viene dada por la expresión:

$$d(B, r) = \frac{\|\overrightarrow{AB} \wedge u\|}{\|u\|}.$$

3.4. Movimientos rígidos

En esta sección vamos a clasificar las transformaciones afines del plano y del espacio afín euclídeo que preservan las distancia entre puntos. Para ello vamos a utilizar la clasificación ya estudiada de las isometrías de $\mathbb{R}^2$ y $\mathbb{R}^3$.

Definición 3.4.1. *Se dice que una transformación afín $f : \mathcal{A} \to \mathcal{A}$ de un espacio afín euclídeo $\mathcal{A}$ es un **movimiento rígido** (o, simplemente, **movimiento**) si preserva la distancia entre pares de puntos del espacio afín euclídeo, esto es, si*

$$d(A, B) = d(f(A), f(B)) \quad \text{para todo } A, B \in \mathcal{A}.$$

Proposición 3.4.2. *Una transformación afín $f : \mathcal{A} \to \mathcal{A}$ es un movimiento rígido si y solamente si la aplicación lineal asociada $\overline{f} : V \to V$ es una isometría.*

Demostración. Recordemos que $d(A, B) = \|\overrightarrow{AB}\|$. Por tanto,

$$d(f(A), f(B)) = d(A, B) \Leftrightarrow \|\overrightarrow{f(A)f(B)}\| = \|\overrightarrow{AB}\| \Leftrightarrow \|\overline{f}(\overrightarrow{AB})\| = \|\overrightarrow{AB}\|.$$

Es decir, f es movimiento rígido si y solamente $\overline{f}$ es una isometría. $\square$

Ejemplos 3.4.3.   *(1) Toda traslación es un movimiento rígido, puesto que su aplicación lineal asociada es la identidad, que es una isometría.*

(2) Las homotecias de razón $a \in \mathbb{R} - \{0, 1\}$ no son movimientos rígidos excepto para $a = -1$, puesto que la aplicación lineal asociada es $a \cdot \mathrm{Id}$, homotecia lineal de razón a que no es una isometría excepto para $a = -1$.

(3) La simetría ortogonal respecto de un subespacio afín $L = A + U$ es un movimiento rígido, puesto que es una aplicación afín cuya aplicación lineal subyacente es la simetría ortogonal respecto de U, que es una isometría.

*(4) Una rotación de ángulo α, $g_\alpha \colon \mathbb{R}^2 \to \mathbb{R}^2$ es una isometría que da lugar a un movimiento rígido $f_{C,\alpha} \colon \mathbb{R}^2 \to \mathbb{R}^2$, para cada punto $C \in \mathbb{R}^2$, definido por $f_{C,\alpha}(X) = C + g_\alpha(\overrightarrow{CX})$. $f_{C,\alpha}$ se llama **rotación de centro C y ángulo α**.*

(5) La composición de dos movimientos rígidos es otro movimiento rígido.

(6) Las transformaciones afines que no son biyectivas no pueden ser movimientos rígidos. Por ejemplo, la proyección ortogonal sobre un subespacio no es un movimiento rígido.

Al igual que en el caso de las isometrías, podemos dividir los movimientos rígidos en dos grandes grupos.

Definición 3.4.4. *Un movimiento rígido f se llama **directo** (respectivamente, **inverso**) si la isometría lineal asociada $\overline{f}$ es directa (respectivamente, inversa).*

Puntos fijos y subespacio invariante de un movimiento rígido

En lo siguiente $f\colon \mathcal{A} \to \mathcal{A}$ será un movimiento rígido de ecuación $Y = C + MX$ respecto de un sistema de referencia rectangular $\mathcal{R} = \{O; \mathcal{B}\}$ de $\mathcal{A}$, es decir, M es la matriz ortogonal de la isometría $\overline{f}$ respecto de la base $\mathcal{B}$ y C es la matriz columna correspondiente a la imagen del origen por el movimiento rígido.

Un movimiento rígido puede o no tener puntos fijos, dependerá de la compatibilidad del sistema $(M - I)X = -C$ (ver la sección 6 del capítulo 2). Lo que siempre existe para un movimiento rígido es **el subespacio invariante** (recuérdese la definición 2.7.13). Ello es consecuencia del siguiente lema.

Lema 3.4.5. *Si f es un movimiento rígido de un espacio afín $\mathcal{A}$ con isometría lineal subyacente $\overline{f}$, se cumple que*

$$\ker(\overline{f} - Id) = \ker(\overline{f} - Id)^2.$$

Demostración. Consideremos la descomposición $V = V_1 \oplus V_1^{\perp}$, siendo V_1 el subespacio propio de autovalor 1. Como $\overline{f}$ es una isometría, se restringe a una isometría de V_1 en sí mismo y otra de $V_1^{\perp}$ en sí mismo.

Siempre se cumple $V_1 = \ker(\overline{f} - Id) \subset \ker(\overline{f} - Id)^2$.

Veamos la contención contraria. Sea $u = v + w \in V$ con $v \in V_1$ y $w \in V_1^{\perp}$, tal que $(\overline{f} - Id)^2(u) = 0$. Entonces, $\overline{f}(w) - w \in V_1^{\perp}$ y también $\overline{f}(w) - w \in V_1$, ya que

$$(\overline{f} - Id)^2(u) = (\overline{f} - Id)^2(w) = (\overline{f} - Id)(\overline{f}(w) - w) = 0,$$

por lo que tenemos $\overline{f}(w) - w \in V_1 \cap V_1^{\perp} = \{0\}$, es decir $\overline{f}(w) = w$. De aquí se deduce que $w \in V_1 \cap V_1^{\perp} = \{0\}$, luego $w = 0$ y $u = v \in V_1$. $\qquad \square$

Proposición 3.4.6. *Para todo movimiento rígido f de ecuación $Y = C + MX$ respecto de un sistema de referencia rectangular de $\mathcal{A}$ se cumple que existe **el subespacio invariante de** f y es de la forma*

$$\boxed{L_f = \{X|\ (M - I)^2 X + (M - I)C = 0\} = P + V_1,}$$

donde $P \in \mathcal{A}$ es tal que $\overrightarrow{Pf(P)} \in V_1$.

Demostración. Obviamente, $\ker(\overline{f} - Id) = \ker(\overline{f} - Id)^2 \iff \mathrm{rg}(\overline{f} - Id) = \mathrm{rg}(\overline{f} - Id)^2$, puesto que para una aplicación lineal $g\colon V \to V$ se tiene $\mathrm{rg}(g) = \dim(\mathrm{Im}g) = \dim V - \dim(\ker g)$. Por tanto, el resultado es consecuencia del lema anterior y del teorema 2.7.12 del capítulo 2. $\qquad \square$

Si f es un movimiento rígido se da uno de los dos casos siguientes:

(1) f tiene algún punto fijo P y por tanto

$$f(X) = P + \overline{f}(\overrightarrow{PX}).$$

(2) f no tiene ningún punto fijo. Sea P un punto del subespacio invariante, o sea, un punto $P \in \mathcal{A}$ tal que $\overrightarrow{Pf(P)} \in V_1$. Entonces podemos escribir

$$f(X) = f(P) + \overline{f}(\overrightarrow{PX}) = P + \overrightarrow{Pf(P)} + \overline{f}(\overrightarrow{PX}) = \overrightarrow{Pf(P)} + (P + \overline{f}(\overrightarrow{PX})),$$

es decir, f es la composición de un movimiento $g \colon X \mapsto P + \overline{f}(\overrightarrow{PX})$ que posee un punto fijo (el punto P), con una traslación $t_v \colon X \mapsto v + X$ por un vector $v = \overrightarrow{Pf(P)}$ paralelo al subespacio V_1.

Obsérvese que si $Q = P + \overrightarrow{PQ} \in P + V_1 = L_f$ es otro punto del subespacio invariante, entonces $f(Q) = f(P) + \overline{f}(\overrightarrow{PQ}) = f(P) + \overrightarrow{PQ} = Q + \overrightarrow{Pf(P)}$ y por tanto, $\overrightarrow{Qf(Q)} = \overrightarrow{Pf(P)}$.

Por tanto, podemos enunciar:

Corolario 3.4.7. *Un movimiento rígido f que no tiene puntos fijos se escribe de forma única como la composición $f = t_v \circ g$, donde g es un movimiento rígido que tiene algún punto fijo y t_v es una traslación de vector $v \neq 0$ paralelo al subespacio invariante L_f. Además, se cumple:*

(a) *$v = \overrightarrow{Pf(P)}$, para cualquier punto $P \in L_f$.*

(b) *$t_v \circ g = g \circ t_v$;*

(c) *$\overline{g} = \overline{f}$ y el subespacio de los puntos fijos de g es precisamente L_f;*

*Al módulo del vector v se le suele llamar **módulo de desplazamiento**.*

Obsérvese que si f tiene algún punto fijo P, se puede tomar un sistema de referencia rectangular de la forma $\mathcal{R} = \{P; \mathcal{B}\}$ y entonces las ecuaciones matriciales de f serían

$$Y = MX,$$

donde M es la matriz de la isometría $\overline{f}$ respecto de la base $\mathcal{B}$.

Si f no tiene puntos fijos y v es su vector de traslación con módulo a, entonces podemos tomar un sistema de referencia rectangular $\mathcal{R} = \{P; \mathcal{B} = \{u_1, \ldots, u_n\}\}$, donde P es un punto de la recta invariante y $v = au_1$, de modo que las ecuaciones matriciales de f serían

$$Y = C + MX, \text{ con } C = (a, 0, \ldots, 0)_{\mathcal{R}},$$

y M la matriz de la isometría $\overline{f}$ respecto de la base $\mathcal{B}$.

De acuerdo con los resultados anteriores, en las siguientes secciones vamos a clasificar los movimientos rígidos del plano y el espacio afín euclídeo, $\mathbb{R}^2$ y $\mathbb{R}^3$, atendiendo a sus puntos fijos o a su subespacio invariante, así como al tipo de isometría lineal asociada.

3.5. Clasificación de los movimientos de $\mathbb{R}^2$

Sea $f : \mathbb{R}^2 \to \mathbb{R}^2$ un movimiento rígido cuya ecuación respecto de un sistema de referencia rectangular es $Y = C + MX$.

Estudiaremos primero los casos en que hay puntos fijos, es decir los casos en que $\mathrm{rg}(M - I) = \mathrm{rg}(M - I| - C)$.

(a) $\mathrm{rg}(M - I) = \mathrm{rg}(M - I| - C) = 2$.

En este caso existe un único punto fijo P, y como $V_1 = \{0\}$, la isometría $\overline{f}$ es una rotación de ángulo $\alpha \neq 2k\pi$. Por tanto, para todo X,

$$f(X) = P + \overline{f}(\overrightarrow{PX}), \text{ siendo } \overline{f} \text{ la rotación de ángulo } \alpha \neq 2k\pi.$$

f se llama **rotación alrededor del punto fijo** y el punto fijo recibe el nombre de **centro de la rotación** (véase la figura 3.5 (a)). Respecto de un sistema de referencia rectangular con origen el punto fijo, $\mathcal{R} = \{P; \{e_1, e_2\}\}$, las ecuaciones de f serían

$$\begin{pmatrix} x' \\ y' \end{pmatrix} = \begin{pmatrix} \cos\alpha & -\mathrm{sen}\,\alpha \\ \mathrm{sen}\,\alpha & \cos\alpha \end{pmatrix} \begin{pmatrix} x \\ y \end{pmatrix}.$$

Este movimiento es directo.

(b) $\mathrm{rg}(M - I) = \mathrm{rg}(M - I| - C) = 1$.

En este caso se tiene una recta de puntos fijos que será de la forma $P + V_1$ con P un punto fijo cualquiera de f. Además, como $\dim V_1 = 1$, $\overline{f}$ es una simetría ortogonal con respecto a V_1. Por tanto, para todo X,

$$f(X) = P + \overline{f}(\overrightarrow{PX}), \text{ siendo } \overline{f} \text{ la simetría ortogonal con respecto a } V_1.$$

Así pues, se tiene una simetría ortogonal con respecto a la recta de puntos fijos (**eje de simetría**). f recibe el nombre de **simetría con respecto a una recta** o **simetría axial**.

Respecto de un sistema de referencia rectangular de la forma $\mathcal{R} = \{P; \{e_1, e_2\}\}$, siendo $e_1 \in V_1$, las ecuaciones de f serían

$$\begin{pmatrix} x' \\ y' \end{pmatrix} = \begin{pmatrix} 1 & 0 \\ 0 & -1 \end{pmatrix} \begin{pmatrix} x \\ y \end{pmatrix}.$$

Este movimiento es inverso.

(c) $\mathrm{rg}(M - I) = \mathrm{rg}(M - I| - C) = 0$ ($\Rightarrow M = Id$ y $C = 0$).

En este caso el movimiento es la **identidad**, y todos los puntos del plano quedan fijos.

Este movimiento es directo.

Estudiaremos ahora los casos en que no hay puntos fijos.

(d) $\mathrm{rg}(M - I) = 1 < \mathrm{rg}(M - I | - C) = 2$.

Como $\dim V_1 = 1$ se tiene que $\overline{f}$ es una simetría ortogonal con respecto a V_1. Además, el subespacio invariante de f será una recta de la forma $L_f = P + V_1$, con $\overrightarrow{Pf(P)} \in V_1$. Por tanto, $\forall X$,

$$f(X) = f(P) + \overline{f}(\overrightarrow{PX}), \text{ siendo } \overline{f} \text{ la simetría ortogonal con respecto a } V_1.$$

Así pues, f es la composición de una simetría ortogonal con respecto a una recta L_f, con una traslación en la dirección de dicha recta $(t_{\overrightarrow{Pf(P)}})$. Este movimiento recibe el nombre de **simetría deslizante**. La recta invariante L_f es el **eje de simetría** y $v = \overrightarrow{Pf(P)} \in V_1$ es el **vector de traslación** (véase la figura 3.5 (d)).

Respecto de un sistema de referencia rectangular de la forma $\mathcal{R} = \{P; \{e_1, e_2\}\}$, siendo $e_1 = \frac{v}{\|v\|} \in V_1$, las ecuaciones de f serían

$$\begin{pmatrix} x' \\ y' \end{pmatrix} = \begin{pmatrix} a \\ 0 \end{pmatrix} + \begin{pmatrix} 1 & 0 \\ 0 & -1 \end{pmatrix} \begin{pmatrix} x \\ y \end{pmatrix},$$

siendo a el módulo de deslizamiento.

Este movimiento es inverso.

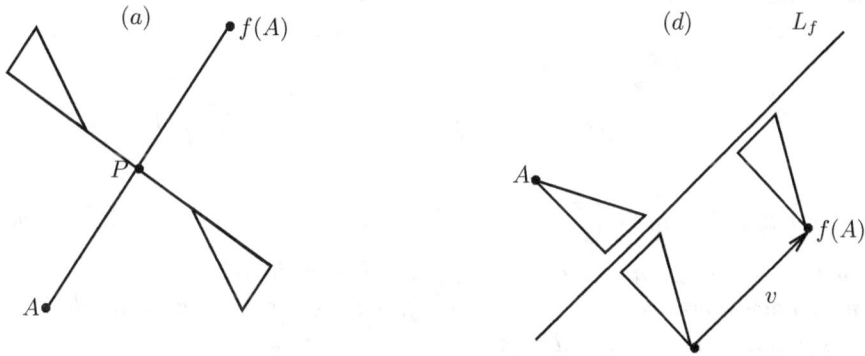

Figura 3.5: Movimientos en el plano: (a) rotación de ángulo π alrededor del punto fijo P, también llamada simetría central con centro de simetría P y (d) simetría deslizante.

(e) $\mathrm{rg}(M - I) = 0 < \mathrm{rg}(M - I | - C) = 1 \; (\Rightarrow M = Id \text{ y } C \neq 0)$.

En este caso f es una **traslación de vector no nulo**, $v = \overrightarrow{Pf(P)}$, para cualquier $P \in \mathbb{R}^2$.

Este movimiento es directo.

rg$(M - I)/$ rg$(M - I \vert - C)$	Puntos fijos	Tipo de movimiento
2 / 2	Uno	**Rotación** de centro el punto fijo (Directo)
1 / 1	Recta	**Simetría** resp. de la recta de ptos. fijos (Inverso)
0 / 0	Todos	**Identidad** (Directo)
1 / 2	Ninguno (dim $L_f = 1$)	**Simetría deslizante**: sim. resp. de recta inv. y traslación de vector paralelo a ella (Inverso)
0 / 1	Ninguno (dim $L_f = 2$)	**Traslación** de vector no nulo (Directo)

Cuadro 3.1: **Clasificación de los movimientos rígidos del plano afín euclídeo**

Ejemplo 3.5.1. *Vamos a clasificar los movimientos rígidos del plano afín euclídeo* $\mathbb{R}^2$ *cuyas ecuaciones matriciales son las siguientes:*

(i)

$$\begin{pmatrix} x' \\ y' \end{pmatrix} = \begin{pmatrix} 3 \\ -1 \end{pmatrix} + \begin{pmatrix} 0 & -1 \\ 1 & 0 \end{pmatrix} \begin{pmatrix} x \\ y \end{pmatrix}$$

La matriz $(M - I) = \begin{pmatrix} -1 & -1 \\ 1 & -1 \end{pmatrix}$ *tiene rango 2 (o sea,* $V_1 = \{0\}$*) y por tanto sabemos que hay un único punto fijo, P. Ya podemos afirmar que se trata de una rotación con centro P. El punto fijo P se determina hallando la solución del sistema compatible y determinado*

$$(M - I)X = -C \iff \begin{pmatrix} -1 & -1 \\ 1 & -1 \end{pmatrix} \begin{pmatrix} x \\ y \end{pmatrix} = \begin{pmatrix} -3 \\ 1 \end{pmatrix}.$$

Se obtiene $P = (2, 1)$.

Finalmente, el ángulo de rotación es $\alpha = \frac{\pi}{2}$*, puesto que en la matriz de la isometría* $\overline{f}$ *podemos observar que* $(0, 1) = (\cos\alpha, \text{sen}\,\alpha)$ *(como también vimos en el ejemplo 1.6.20 (a)).*

(ii)

$$\begin{pmatrix} x' \\ y' \end{pmatrix} = \begin{pmatrix} 2 \\ 2 \end{pmatrix} + \begin{pmatrix} 0 & -1 \\ -1 & 0 \end{pmatrix} \begin{pmatrix} x \\ y \end{pmatrix}$$

La matriz ampliada $(M - I| - C) = \begin{pmatrix} -1 & -1 & -2 \\ -1 & -1 & -2 \end{pmatrix}$ tiene rango 1 al igual que matriz $M - I$. Por tanto, hay una recta de puntos fijos y ya podemos afirmar que el movimiento es una simetría respecto de dicha recta (simetría axial).

La ecuación de la recta de puntos fijos r viene dada por el sistema compatible indeterminado:

$$(M - I)X = -C \Longleftrightarrow \begin{pmatrix} -1 & -1 \\ -1 & -1 \end{pmatrix} \begin{pmatrix} x \\ y \end{pmatrix} = \begin{pmatrix} -2 \\ -2 \end{pmatrix}.$$

Luego $r \equiv \{x + y = 2\} = (1, 1) + L(1, -1)$ es el eje de simetría.

(iii)

$$\begin{pmatrix} x' \\ y' \end{pmatrix} = \begin{pmatrix} 2 \\ 0 \end{pmatrix} + \begin{pmatrix} 0 & -1 \\ -1 & 0 \end{pmatrix} \begin{pmatrix} x \\ y \end{pmatrix}$$

La matriz ampliada $(M - I| - C) = \begin{pmatrix} -1 & -1 & -2 \\ -1 & -1 & 0 \end{pmatrix}$ tiene rango 2, que no coincide con el de la matriz $M - I$, que es 1. Por tanto, no hay puntos fijos, pero sí hay una recta invariante y el movimiento será una simetría deslizante es decir, una simetría respecto de la recta invariante compuesta con una traslación en la dirección de dicha recta.

La ecuación de la recta invariante r viene dada por $(M - I)^2 X + (M - I)C = 0$. Calculando,

$$(M - I)^2 = \begin{pmatrix} 2 & 2 \\ 2 & 2 \end{pmatrix}, \quad (M - I)C = \begin{pmatrix} -1 & -1 \\ -1 & -1 \end{pmatrix} \begin{pmatrix} 2 \\ 0 \end{pmatrix} = \begin{pmatrix} -2 \\ -2 \end{pmatrix}.$$

Luego en nuestro caso,

$$(M - I)^2 X + (M - I)C = 0 \Longleftrightarrow \begin{pmatrix} 2 & 2 \\ 2 & 2 \end{pmatrix} \begin{pmatrix} x \\ y \end{pmatrix} + \begin{pmatrix} -2 \\ -2 \end{pmatrix} = \begin{pmatrix} 0 \\ 0 \end{pmatrix},$$

por tanto, $r \equiv \{2x + 2y - 2 = 0\} = (1, 0) + L(1, -1)$ es el eje de simetría.

Para determinar el vector de traslación tomamos un punto cualquiera de la recta invariante, por ejemplo, $P = (1, 0)$ y calculamos $f(P) = (2, -1)$. Entonces $v = \overrightarrow{Pf(P)} = (1, -1)$ es el vector de traslación.

3.6. Clasificación de los movimientos de $\mathbb{R}^3$

Pasamos ahora a clasificar los movimientos rígidos del espacio afín euclídeo $\mathbb{R}^3$.

Estudiaremos primero los casos en que hay puntos fijos, es decir los casos en que $\mathrm{rg}(M - I) = \mathrm{rg}(M - I| - C)$.

(i) $\mathrm{rg}(M - I) = \mathrm{rg}(M - I| - C) = 3$.

En este caso existe un único punto fijo P, y como $V_1 = \{0\}$, V_{-1} tiene dimensión 1 o 3. Luego la isometría $\overline{f}$ o bien es la composición de una simetría respecto del plano ortogonal a V_{-1} con una rotación de ángulo $\alpha \neq 2k\pi$ alrededor de V_{-1}, o bien es menos la identidad.

Por tanto, hay dos posibilidades:

(i-1) [$\dim V_{-1} = 3$.] Como $\overline{f}$ es menos la identidad, $f(X) = P - \overrightarrow{PX}$, $\forall X \in \mathbb{R}^3$, es decir, f es la simetría ortogonal con respecto al subespacio $\{P\}$ formado por el punto fijo (o también, podemos decir que es la homotecia con centro el punto fijo y razón -1). Recibe el nombre de **simetría central** y el punto fijo se llama **centro de simetría.**

Respecto de un sistema de referencia rectangular con origen el punto fijo, $\mathcal{R} = \{P; \{e_1, e_2, e_3\}\}$, las ecuaciones de f serían

$$\begin{pmatrix} x' \\ y' \\ z' \end{pmatrix} = \begin{pmatrix} -1 & 0 & 0 \\ 0 & -1 & 0 \\ 0 & 0 & -1 \end{pmatrix} \begin{pmatrix} x \\ y \\ z \end{pmatrix}.$$

Este movimiento es inverso.

(i-2) [$\dim V_{-1} = 1$.] Entonces $\overline{f}$ es la composición de una simetría respecto del plano ortogonal a V_{-1} con una rotación de ángulo $\alpha \neq 2k\pi$ alrededor de V_{-1} y como $f(X) = P + \overline{f}(\overrightarrow{PX})$, f es la composición de una simetría con respecto al plano $P + V_{-1}^{\perp}$ con una rotación de ángulo $\alpha \neq 2k\pi$ alrededor del eje $P + V_{-1}$. El plano de simetría y el eje de rotación son ortogonales y se cortan en el punto fijo. Recibe el nombre de **simetría con rotación** (véase la figura 3.6).

Respecto de un sistema de referencia rectangular con origen el punto fijo, $\mathcal{R} = \{P; \{e_1, e_2, e_3\}\}$, siendo $e_1 \in V_{-1}$, las ecuaciones de f serían

$$\begin{pmatrix} x' \\ y' \\ z' \end{pmatrix} = \begin{pmatrix} -1 & 0 & 0 \\ 0 & \cos\alpha & -\operatorname{sen}\alpha \\ 0 & \operatorname{sen}\alpha & \cos\alpha \end{pmatrix} \begin{pmatrix} x \\ y \\ z \end{pmatrix},$$

o equivalentemente,

$$
\begin{pmatrix} x' \\ y' \\ z' \end{pmatrix} = \begin{pmatrix} 1 & 0 & 0 \\ 0 & \cos\alpha & -\sin\alpha \\ 0 & \sin\alpha & \cos\alpha \end{pmatrix} \begin{pmatrix} -1 & 0 & 0 \\ 0 & 1 & 0 \\ 0 & 0 & 1 \end{pmatrix} \begin{pmatrix} x \\ y \\ z \end{pmatrix}.
$$

Este movimiento es inverso.

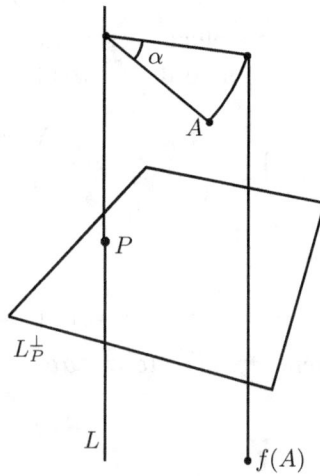

Figura 3.6: Simetría con rotación con punto fijo P. Se compone de una simetría ortogonal respecto de $L_P^\perp = P + V_{-1}^\perp$, con una rotación de ángulo α y eje $L = P + V_{-1}$. Aquí $P = L \cap L_P^\perp$.

(ii) $\operatorname{rg}(M - I) = \operatorname{rg}(M - I| - C) = 2$.

En este caso hay una recta de puntos fijos, $P + V_1$, con $f(P) = P$. Al igual que en el caso anterior, la isometría $\overline{f}$ ha de ser un giro de ángulo $\alpha \neq 2k\pi$ alrededor del subespacio V_1.

Por tanto f es una rotación de ángulo $\alpha \neq 2k\pi$ alrededor de la recta de puntos fijos. Este movimiento recibe el nombre de **rotación alrededor de un eje**. A la recta de puntos fijos se le llama el **eje de rotación**.

Respecto de un sistema de referencia rectangular $\mathcal{R} = \{P; \{e_1, e_2, e_3\}\}$, siendo $e_1 \in V_1$ y P un punto fijo cualquiera, las ecuaciones de f serían de la forma

$$
\begin{pmatrix} x' \\ y' \\ z' \end{pmatrix} = \begin{pmatrix} 1 & 0 & 0 \\ 0 & \cos\alpha & -\sin\alpha \\ 0 & \sin\alpha & \cos\alpha \end{pmatrix} \begin{pmatrix} x \\ y \\ z \end{pmatrix}.
$$

Este movimiento es directo.

(iii) $\mathrm{rg}(M - I) = \mathrm{rg}(M - I| - C) = 1$.

En este caso el subespacio de puntos fijos tiene dimensión 2, y es un plano de la forma $P + V_1$, con P un punto fijo de f. Como en el caso anterior, la isometría $\overline{f}$ consiste en una simetría ortogonal respecto del plano V_1.

Por tanto, f es una simetría ortogonal respecto del plano de puntos fijos. Este movimiento recibe el nombre de **simetría respecto de un plano o simetría especular**. Al plano de puntos fijos se le llama **plano de simetría**.

Respecto de un sistema de referencia rectangular $\mathcal{R} = \{P; \{e_1, e_2, e_3\}\}$, siendo $e_1, e_2 \in V_1$ y P un punto del plano de puntos fijos, las ecuaciones de f serían de la forma

$$\begin{pmatrix} x' \\ y' \\ z' \end{pmatrix} = \begin{pmatrix} 1 & 0 & 0 \\ 0 & 1 & 0 \\ 0 & 0 & -1 \end{pmatrix} \begin{pmatrix} x \\ y \\ z \end{pmatrix}.$$

Este movimiento es inverso.

(iv) $\mathrm{rg}(M - I) = \mathrm{rg}(M - I| - C) = 0$ ($\Rightarrow M = I$, $C = 0$).

En este caso el movimiento es la **identidad**, y todos los puntos del plano quedan fijos.

Este movimiento es directo.

Estudiaremos ahora los casos en que no hay puntos fijos.

(v) $\mathrm{rg}(M - I) = 2 < \mathrm{rg}(M - I| - C) = 3$.

En este caso no hay puntos fijos, pero como $\dim V_1 = 1$, hay una recta invariante por f de la forma $P + V_1$, con $\overrightarrow{Pf(P)} \in V_1$.

Además, la isometría $\overline{f}$ ha de ser una rotación de ángulo $\alpha \neq 2k\pi$ alrededor del subespacio V_1.

Por tanto f es una rotación de ángulo $\alpha \neq 2k\pi$ alrededor de la recta invariante seguida de una traslación de vector $v = \overrightarrow{Pf(P)}$, paralelo a la recta invariante. Este movimiento recibe el nombre de **movimiento helicoidal**. A la recta invariante se le llama **eje de rotación** (véase la figura 7 (v)).

Respecto de un sistema de referencia rectangular $\mathcal{R} = \{P; \{e_1, e_2, e_3\}\}$, siendo P un punto del eje de rotación y $e_1 \in V_1$ con $v = ae_1$, las ecuaciones de f serían de la forma

$$\begin{pmatrix} x' \\ y' \\ z' \end{pmatrix} = \begin{pmatrix} a \\ 0 \\ 0 \end{pmatrix} + \begin{pmatrix} 1 & 0 & 0 \\ 0 & \cos\alpha & -\sin\alpha \\ 0 & \sin\alpha & \cos\alpha \end{pmatrix} \begin{pmatrix} x \\ y \\ z \end{pmatrix}.$$

Este movimiento es directo.

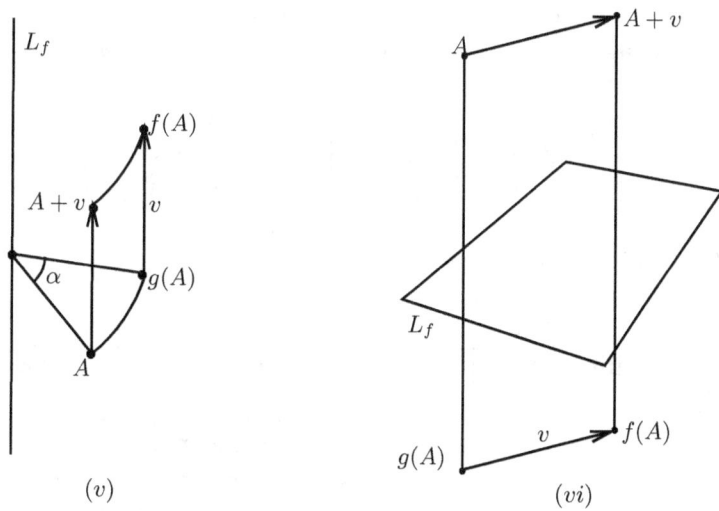

Figura 3.7: Movimientos rígidos sin puntos fijos. (v) es un movimiento helicoidal: composición de una rotación g de ángulo α y eje L_f con una traslación de vector $v \in V_1$. (vi) es
una simetría deslizante: composición de una simetría g respecto de L_f con una traslación
de vector $v \in V_1$.

(vi) $\mathrm{rg}(M - I) = 1 < \mathrm{rg}(M - I| - C) = 2$.

En este caso no hay puntos fijos, pero como $\dim V_1 = 2$, el subespacio invariante
por f es un plano de la forma $P + V_1$, con P un punto tal que $\overrightarrow{Pf(P)} \in V_1$.
La isometría $\overline{f}$ consiste en una simetría ortogonal respecto del plano V_1.

Por tanto, f es una simetría ortogonal respecto del plano invariante seguida
de una traslación de vector $v = \overrightarrow{Pf(P)}$, paralelo al plano invariante. Este
movimiento recibe el nombre de **simetría deslizante respecto de un plano
o simetría especular deslizante**. Al plano invariante se le llama **plano de
simetría** (véase la figura 7 (vi)).

Respecto de un sistema de referencia rectangular $\mathcal{R} = \{P; \{e_1, e_2, e_3\}\}$, siendo
P un punto del plano invariante y $e_1, e_2 \in V_1$ con $v = ae_1$, las ecuaciones de f
serían de la forma

$$\begin{pmatrix} x' \\ y' \\ z' \end{pmatrix} = \begin{pmatrix} a \\ 0 \\ 0 \end{pmatrix} + \begin{pmatrix} 1 & 0 & 0 \\ 0 & 1 & 0 \\ 0 & 0 & -1 \end{pmatrix} \begin{pmatrix} x \\ y \\ z \end{pmatrix}.$$

Este movimiento es inverso.

(vii) $\mathrm{rg}(M - I) = 0 < \mathrm{rg}(M - I| - C) = 1$ $(\Rightarrow M = I, \ C \neq 0)$. En este caso se tiene
una **traslación** de vector no nulo $v = \overrightarrow{Pf(P)}$ para cualquier punto P.

Respecto de un sistema de referencia rectangular $\mathcal{R} = \{P; \{e_1, e_2, e_3\}\}$, siendo P un punto cualquiera y $e_1 \in \mathbb{R}^3$ con $v = ae_1$, las ecuaciones de f serían de la forma

$$\begin{pmatrix} x' \\ y' \\ z' \end{pmatrix} = \begin{pmatrix} a \\ 0 \\ 0 \end{pmatrix} + \begin{pmatrix} 1 & 0 & 0 \\ 0 & 1 & 0 \\ 0 & 0 & 1 \end{pmatrix} \begin{pmatrix} x \\ y \\ z \end{pmatrix}.$$

Este movimiento es directo.

rg$(M-I)$/ rg$(M-I|-C)$	Puntos fijos	Tipo de movimiento
3 / 3 (dim $V_{-1} = 3$)	Uno	**Simetría central:** simetría respecto del punto fijo. (Inverso)
3 / 3 (dim $V_{-1} = 1$)	Uno	**Simetría con rotación**: rotación alred. del eje $P + V_{-1}$, y simetría resp. del plano ortogonal a dicho eje y que pasa por el punto fijo P. (Inverso)
2 / 2	Recta	**Rotación** alrededor de un eje (recta de puntos fijos) (Directo)
1 / 1	Plano	**Simetría respecto de un plano:** simetría respecto del plano de puntos fijos. (Inverso)
0 / 0	Todos	**Identidad** (Directo)
2 / 3	Ninguno (dim $L_f = 1$)	**Movimiento helicoidal**: rotación alrededor de un eje (recta invariante L_f) seguida de traslación de vector paralelo al eje de rotación. (Directo)
1 / 2	Ninguno (dim $L_f = 2$)	**Simetría deslizante respecto de un plano:** simetría respecto del plano invariante seguida de traslación de vector paralelo a dicho plano. (Inverso)
0 / 1	Ninguno (dim $L_f = 3$)	**Traslación** de vector no nulo (Directo)

Cuadro 3.2: **Clasificación de los movimientos rígidos del espacio afín euclídeo.**

Ejemplo 3.6.1. *Vamos a clasificar los movimientos rígidos del espacio afín euclídeo* $\mathbb{R}^3$ *cuyas ecuaciones matriciales son las siguientes:*

(i)

$$\begin{pmatrix} x' \\ y' \\ z' \end{pmatrix} = \begin{pmatrix} 2 \\ 0 \\ 0 \end{pmatrix} + \begin{pmatrix} 0 & 1 & 0 \\ -1 & 0 & 0 \\ 0 & 0 & 1 \end{pmatrix} \begin{pmatrix} x \\ y \\ z \end{pmatrix}$$

La matriz ampliada $(M - I| - C) = \begin{pmatrix} -1 & 1 & 0 & -2 \\ -1 & -1 & 0 & 0 \\ 0 & 0 & 0 & 0 \end{pmatrix}$ *tiene rango 2, al igual que la matriz* $M - I$.

Por tanto hay una recta de puntos fijos y el movimiento es una rotación *alrededor de dicha recta. La ecuación de la recta de puntos fijos* r *viene dada por* $(M - I)X = -C$*. En nuestro caso sería:*

$$r \equiv \begin{cases} -x + y = -2 \\ -x - y = 0. \end{cases}$$

De donde $r \equiv \{x = 1, y = -1\} = (1, -1, 0) + L(0, 0, 1)$ *es el eje de rotación.*

Para determinar el ángulo de rotación, tenemos que: $\text{traza}(\overline{f}) = 1 = 1 + 2\cos\alpha$*, por lo que* $\alpha = \frac{\pi}{2}$ *o* $\alpha = \frac{3\pi}{2}$*. Puesto que* $V_1 = L(0, 0, 1)$*, podemos considerar la base ortonormal* $\{e_1, e_2\}$ *de* $V_1^\perp$ *y observar que*

$$\overline{f}(e_1) = -e_2 = (\cos\alpha)e_1 + (\text{sen}\,\alpha)e_2.$$

Por tanto, $\alpha = \frac{3\pi}{2}$ *respecto de la base anterior.*

(ii)

$$\begin{pmatrix} x' \\ y' \\ z' \end{pmatrix} = \begin{pmatrix} 2 \\ 0 \\ -1 \end{pmatrix} + \begin{pmatrix} 0 & 1 & 0 \\ -1 & 0 & 0 \\ 0 & 0 & 1 \end{pmatrix} \begin{pmatrix} x \\ y \\ z \end{pmatrix}$$

La matriz ampliada $(M - I| - C) = \begin{pmatrix} -1 & 1 & 0 & -2 \\ -1 & -1 & 0 & 0 \\ 0 & 0 & 0 & 1 \end{pmatrix}$ *tiene rango 3, que no coincide con el de la matriz* $M - I$*, que es 2.*

Por tanto, no hay puntos fijos, pero sí hay una recta invariante y el movimiento será un movimiento helicoidal*, es decir, una rotación alrededor de la recta invariante seguida de una traslación en la dirección de dicha recta.*

La ecuación de la recta invariante r viene dada por $(M-I)^2 X + (M-I)C = 0$.
En nuestro caso,

$$(M-I)^2 = \begin{pmatrix} 0 & -2 & 0 \\ 2 & 0 & 0 \\ 0 & 0 & 0 \end{pmatrix}, \quad (M-I)C = \begin{pmatrix} -1 & 1 & 0 \\ -1 & -1 & 0 \\ 0 & 0 & 0 \end{pmatrix} \begin{pmatrix} 2 \\ 0 \\ -1 \end{pmatrix} = \begin{pmatrix} -2 \\ -2 \\ 0 \end{pmatrix}$$

Por tanto,

$$r \equiv \begin{cases} -2y - 2 = 0 \\ 2x - 2 = 0. \end{cases}$$

De donde, $r \equiv \{x = 1, y = -1\} = (1, -1, 0) + L(0, 0, 1)$ *es el* eje de rotación.

El ángulo de rotación *alrededor de este eje, al igual que en el ejemplo anterior, es* $\alpha = \frac{3\pi}{2}$ *respecto de la base ortonormal* $\{e_1, e_2\}$ *de* $V_1^\perp$.

Para determinar el vector de traslación tomamos un punto cualquiera de la recta invariante, por ejemplo, $P = (1, -1, 0)$ *y calculamos* $f(P) = (1, -1, -1)$. *Entonces* $v = \overrightarrow{Pf(P)} = (0, 0, -1)$ *es el* vector de traslación.

(iii)

$$\begin{pmatrix} x' \\ y' \\ z' \end{pmatrix} = \begin{pmatrix} -2 \\ 0 \\ 4 \end{pmatrix} + \begin{pmatrix} 0 & 0 & 1 \\ 0 & -1 & 0 \\ -1 & 0 & 0 \end{pmatrix} \begin{pmatrix} x \\ y \\ z \end{pmatrix}$$

En este caso, la matriz $M - I$ *tiene rango 3 (o sea,* $V_1 = \{0\}$) *y por tanto sabemos que hay un único punto fijo, P. Además,* $\dim V_{-1} = 1$ *(véase el ejemplo 1.6.21(c), donde se determinó la isometría* $\overline{f}$). *Por tanto podemos concluir que se trata de una* simetría con rotación. *Más concretamente, es la composición de una simetría respecto del plano* $\pi = P + V_{-1}^\perp$, *con una rotación de eje* $r = P + V_{-1}$.

El punto fijo P lo determinamos hallando la solución del sistema compatible y determinado

$$(M-I)X = -C \iff \begin{pmatrix} -1 & 0 & 1 \\ 0 & -2 & 0 \\ -1 & 0 & -1 \end{pmatrix} \begin{pmatrix} x \\ y \\ z \end{pmatrix} = \begin{pmatrix} 2 \\ 0 \\ -4 \end{pmatrix},$$

obteniendo $P = (1, 0, 3)$. *Se tiene* $V_{-1} = L(0, 1, 0)$ *y* $V_{-1}^\perp = L((1, 0, 0), (0, 0, 1))$.

El eje de la rotación *es* $r = (1, 0, 3) + L(0, 1, 0)$, *y el* ángulo de rotación *cumple* traza $(\overline{f}) = -1 = -1 + 2\cos\alpha$, *luego tenemos que* $\alpha = \frac{\pi}{2}$ *o* $\alpha = \frac{3\pi}{2}$. *Tomando la base ortonormal* $\{e_1, e_3\}$ *de* $V_{-1}^\perp$, *vemos que*

$$\overline{f}(e_1) = -e_3 = (\cos\alpha)e_1 + (\text{sen }\alpha)e_3.$$

Por tanto, $\alpha = \frac{3\pi}{2}$ *respecto de la base anterior.*

El plano de simetría *es* $\pi \equiv \{y = 0\} = (1, 0, 3) + L((1, 0, 0), (0, 0, 1))$.

3.7. Ejercicios

3.1 En $\mathbb{R}^3$ con su estructura de espacio afín euclídeo usual y con respecto al sistema de referencia canónico, se considera el plano π de ecuación $x_1 = x_2$. Calcular la proyección ortogonal sobre dicho plano de:

(a) la circunferencia de ecuaciones $x_1^2 + x_2^2 = 1$, $x_3 = 0$;

(b) la recta r de ecuaciones $x_1 = x_3$, $x_2 = 0$.

(c) la recta $s = (1,0,0) + L(1,1,0)$. Calcular también la distancia de esta recta al plano π.

3.2 Sea $\mathcal{P}_2(\mathbb{R})$ el espacio de los polinomios reales de grado ≤ 2 considerado como espacio afín euclídeo sobre sí mismo con el producto escalar $\langle p(x), q(x) \rangle = \int_{-1}^{1} p(x)q(x)dx$.

(a) Calcular un vector ortogonal al subespacio $U = L(3x^2 - 1, 2x - 1)$.

(b) Calcular la distancia del polinomio $3x^2 - x + 1$ al subespacio afín $L = 0 + U$.

(c) Calcular unas ecuaciones cartesianas del subespacio ortogonal a L que pasa por $x^2 + 2x + 1$.

3.3 En $\mathbb{R}^3$ con su estructura de espacio afín euclídeo usual, ¿es posible encontrar una recta cuya distancia al plano $\pi \equiv 2x + y - 2z + 3 = 0$ sea 3 y que pase por el punto $P = (1, -2, -3)$? ¿Y una que pase por $Q = (3, 1, 2)$? Justificar la respuesta.

3.4 Sea $\mathcal{R} = \{O; \{e_1, e_2, e_3, e_4\}\}$ un sistema de referencia de un espacio afín euclídeo $\mathcal{A}$ sobre un espacio vectorial V cuyo producto escalar respecto de la base $\{e_1, e_2, e_3, e_4\}$ viene dado por la matriz

$$\begin{pmatrix} 1 & 1 & 0 & 0 \\ 1 & 2 & 1 & 0 \\ 0 & 1 & 2 & 0 \\ 0 & 0 & 0 & 1 \end{pmatrix}.$$

(a) Hallar la expresión matricial de la proyección $p_L : \mathcal{A} \to \mathcal{A}$ respecto de la referencia $\mathcal{R}$ de $\mathcal{A}$, siendo L el plano de ecuaciones $x_3 = x_4 = 0$.

(b) Hallar la ecuación de la única recta que pasa por $P = (0, 0, 1, 0)$ y es ortogonal a L. Calcular también la distancia de P a L.

(c) Calcular la distancia entre las rectas $(0, 0, 0, 0) + L((1, 1, 0, 0))$ y $(1, 0, 0, 0) + L((0, 0, 1, 1))$.

(d) La misma cuestión para los subespacios afines L y $L' \equiv \{x_4 = 1\}$.

3.5 Dadas dos rectas del plano no paralelas, se hace corresponder a cada punto P del plano el punto medio P^* de las proyecciones ortogonales de P sobre cada una de las rectas dadas.

   (a) Estudiar si la correspondencia $P \mapsto P^*$ es una transformación afín.

   (b) ¿Cómo han de ser las dos rectas dadas para que esta correspondencia sea una homotecia?

3.6 Hallar el lugar geométrico de las imágenes del punto $(1, 1)$ por todos los giros de $\mathbb{R}^2$ de ángulo $\pi/2$ y centro sobre la recta $x + y = 1$.

3.7 En el plano afín euclídeo $\mathbb{R}^2$ con su estructura usual y respecto de la referencia canónica $\mathcal{R}_0$, sea f la simetría ortogonal que transforma los puntos $(0, 1)$ y $(-1, 0)$ en los puntos $(2, -1)$ y $(1, -2)$ respectivamente.

   (a) Determinar el eje de simetría de f.

   (b) Hallar la expresión matricial de f respecto de la referencia canónica $\mathcal{R}_0$.

3.8 En el espacio afín euclídeo $\mathbb{R}^3$ y respecto de un sistema de referencia rectangular, $\mathcal{R}$, se considera un movimiento rígido directo f, sin puntos fijos, que deja invariante la recta r de ecuaciones respecto a $\mathcal{R}$, $\{x_1 = 0, x_3 = \sqrt{2}\}$ y tal que $f((0, 0, 0)_\mathcal{R}) = (1, 1, 1 + \sqrt{2})_\mathcal{R}$. Calcular la expresión matricial de f respecto de dicho sistema de referencia.

3.9 Hallar las ecuaciones de

   (a) la simetría deslizante de $\mathbb{R}^2$ cuyo eje de simetría es $x + y = 1$ y el vector de traslación es $(2, -2)$.

   (b) la simetría especular deslizante de $\mathbb{R}^3$ cuyo plano de simetría es $x + y = 1$ y su vector de traslación es $(0, 0, 1)$.

3.10 Se considera $\mathbb{R}^3$ con su estructura de espacio afín euclídeo usual y con la referencia canónica $\mathcal{R}_0 = \{O; \mathcal{B} = \{e_1, e_2, e_3\}\}$.

   (a) Determinar la expresión matricial de la simetría S_π respecto del plano $\pi \equiv x_1 + x_2 - 2 = 0$.

(b) Determinar la expresión matricial de $f = S_\pi \circ h_{(C,-1)}$ siendo $h_{(C,-1)}$ la homotecia de centro $C = (1,1,1)$ y razón -1.

(c) ¿Es f un movimiento rígido? En caso afirmativo clasifícalo.

3.11 Se considera $\mathbb{R}^3$ con su estructura de espacio afín euclídeo usual y la transformación afín $f \colon \mathbb{R}^3 \to \mathbb{R}^3$ dada por

$$f(x_1, x_2, x_3) = (-x_3 - 2, -x_2, -x_1 - 2).$$

Probar que f es un movimiento rígido y clasificarlo.

3.12 En el plano afín euclídeo $\mathbb{R}^2$ con su estructura usual se considera la simetría S_r de eje la recta $r \equiv x_1 + x_2 = 1$ y la traslación t_v de vector $v = (1,2)$.

(a) Obtener la expresión matricial de la composición $t_v \circ S_r$.

(b) Probar que dicha composición es un movimiento rígido y clasificarlo.

En los ejercicios siguientes se pide clasificar los movimientos rígidos del plano y del espacio que se indican.

3.13
$$\begin{pmatrix} x' \\ y' \end{pmatrix} = \begin{pmatrix} 0 \\ 1 \end{pmatrix} + \begin{pmatrix} \sqrt{2}/2 & -\sqrt{2}/2 \\ \sqrt{2}/2 & \sqrt{2}/2 \end{pmatrix} \begin{pmatrix} x \\ y \end{pmatrix}$$

[**Solución:** $\mathrm{rg}(M - I) = 2 \Longrightarrow$ hay un **único punto fijo** P que se calcula mediante la ecuación $(M - I)X = -C$:

$P = \left(\frac{-1-\sqrt{2)}}{2}, \frac{1}{2} \right)$.

$\overline{f}$ es un giro de ángulo α tal que $\cos\alpha = \sqrt{2}/2 = \mathrm{sen}\,\alpha$, luego $\alpha = \pi/4$.

Por tanto, f es **un giro de centro P y de ángulo $\pi/4$**.]

3.14
$$\begin{pmatrix} x' \\ y' \end{pmatrix} = \begin{pmatrix} 4/5 \\ -2/5 \end{pmatrix} + \begin{pmatrix} -3/5 & 4/5 \\ 4/5 & 3/5 \end{pmatrix} \begin{pmatrix} x \\ y \end{pmatrix}$$

[**Solución:** $\mathrm{rg}(M - I) = 1 = \mathrm{rg}(M - I | -C) \Longrightarrow$ hay una recta de puntos fijos que se calcula mediante la ecuación $(M - I)X = -C$:

$2x - y = 1$ (**eje de simetría**).

Por tanto, f es **una simetría de eje $2x - y = 1$**.]

3.15
$$\begin{pmatrix} x' \\ y' \end{pmatrix} = \begin{pmatrix} 1 \\ 0 \end{pmatrix} + \begin{pmatrix} 0 & -1 \\ -1 & 0 \end{pmatrix} \begin{pmatrix} x \\ y \end{pmatrix}$$

[**Solución:** $\mathrm{rg}(M-I) = 1 < \mathrm{rg}(M-I|-C) = 2 \Longrightarrow$ No hay puntos fijos pero hay una recta invariante r que se calcula mediante la ecuación $(M-I)^2 X + (M-I)C = 0$:

$r \equiv \{2x + 2y = 1\}$ (**eje de simetría**).

Para $P = (1/2, 0) \in r$, $v = \overrightarrow{Pf(P)} = f(1/2, 0) - (1/2, 0) = (1/2, -1/2)$ (**vector de traslación**).

Por tanto, f **es una simetría deslizante** que se compone de **una simetría de eje r y de una traslación de vector v.**]

3.16
$$\begin{pmatrix} x' \\ y' \\ z' \end{pmatrix} = \begin{pmatrix} 1 \\ 1 \\ 0 \end{pmatrix} + \begin{pmatrix} 1/2 & \sqrt{3}/2 & 0 \\ -\sqrt{3}/2 & 1/2 & 0 \\ 0 & 0 & 1 \end{pmatrix} \begin{pmatrix} x \\ y \\ z \end{pmatrix}$$

[**Solución:** $\mathrm{rg}(M-I) = 2 = \mathrm{rg}(M-I|-C) \Longrightarrow$ hay una recta de puntos fijos r que se calcula mediante la ecuación $(M-I)X = -C$:

$r = (\frac{1+\sqrt{3}}{2}, \frac{1-\sqrt{3}}{2}, 0) + L(0, 0, 1)$ (**eje de giro**).

Por tanto, f **es una rotación de eje r y ángulo** $-\pi/3$ respecto de la base ortonormal $\{(1, 0, 0), (0, 1, 0)\}$ de $V_1^\perp$.]

3.17
$$\begin{pmatrix} x' \\ y' \\ z' \end{pmatrix} = \begin{pmatrix} 1 \\ 1 \\ 1 \end{pmatrix} + \begin{pmatrix} 1/2 & \sqrt{3}/2 & 0 \\ -\sqrt{3}/2 & 1/2 & 0 \\ 0 & 0 & 1 \end{pmatrix} \begin{pmatrix} x \\ y \\ z \end{pmatrix}$$

[**Solución:** $\mathrm{rg}(M-I) = 2 < \mathrm{rg}(M-I|-C) = 3 \Longrightarrow$ No hay puntos fijos pero hay una recta invariante r que se calcula mediante la ecuación $(M-I)^2 X + (M-I)C = 0$:

$r = (\frac{1+\sqrt{3}}{2}, \frac{1-\sqrt{3}}{2}, 0) + L(0, 0, 1)$ (**eje de giro**).

Para $P = (\frac{1+\sqrt{3}}{2}, \frac{1-\sqrt{3}}{2}, 0) \in r$, $v = \overrightarrow{Pf(P)} = (0, 0, 1)$ (**vector de traslación**).

Por tanto, f **es un movimiento helicoidal** que se compone de **un giro de eje r y ángulo** $-\pi/3$ (respecto de la base ortonormal $\{(1, 0, 0), (0, 1, 0)\}$ de $V_1^\perp$), **y una traslación de vector v (en la dirección del eje de giro).**]

3.18

$$\begin{pmatrix} x' \\ y' \\ z' \end{pmatrix} = \begin{pmatrix} 1 - \sqrt{5} \\ 0 \\ 2 \end{pmatrix} + \begin{pmatrix} 1/\sqrt{5} & 0 & 2/\sqrt{5} \\ 0 & 1 & 0 \\ 2/\sqrt{5} & 0 & -1/\sqrt{5} \end{pmatrix} \begin{pmatrix} x \\ y \\ z \end{pmatrix}$$

[**Solución:** $\operatorname{rg}(M - I) = 1 = \operatorname{rg}(M - I | - C) \Longrightarrow$ hay un plano de puntos fijos π que se calcula mediante la ecuación $(M - I)X = -C$:

$\pi \equiv \{(1 - \sqrt{5})x + 2z + \sqrt{5} - 5 = 0\}$ (**plano de simetría**).

Por tanto, f **es una simetría con respecto al plano** π.]

3.19

$$\begin{pmatrix} x' \\ y' \\ z' \end{pmatrix} = \begin{pmatrix} 1 - \sqrt{5} \\ 2 \\ 2 \end{pmatrix} + \begin{pmatrix} 1/\sqrt{5} & 0 & 2/\sqrt{5} \\ 0 & 1 & 0 \\ 2/\sqrt{5} & 0 & -1/\sqrt{5} \end{pmatrix} \begin{pmatrix} x \\ y \\ z \end{pmatrix}$$

[**Solución:** $\operatorname{rg}(M - I) = 1 < \operatorname{rg}(M - I | - C) = 2 \Longrightarrow$ No hay puntos fijos pero hay un plano invariante π que se calcula mediante la ecuación $(M - I)^2 X + (M - I)C = 0$:

$\pi \equiv \{-2\sqrt{5}x + (5 + \sqrt{5})z - 10 = 0\}$ (**plano de simetría**). Para el punto $P = (-\sqrt{5}, 0, 0) \in \pi$, calculamos

$v = \overrightarrow{Pf(P)} = f(-\sqrt{5}, 0, 0) - (-\sqrt{5}, 0, 0) = (0, 2, 0)$ (**vector de traslación**).

Por tanto, f **es una simetría deslizante** que se compone de **una simetría con respecto al plano** π **y de una traslación de vector** v.]

3.20

$$\begin{pmatrix} x' \\ y' \\ z' \end{pmatrix} = \begin{pmatrix} 1 \\ 1 \\ 1 + \sqrt{2} \end{pmatrix} + \begin{pmatrix} -1 & 0 & 0 \\ 0 & 1 & 0 \\ 0 & 0 & -1 \end{pmatrix} \begin{pmatrix} x \\ y \\ z \end{pmatrix}$$

[**Solución:** $\operatorname{rg}(M - I) = 2 < \operatorname{rg}(M - I | - C) = 3 \Longrightarrow$ No hay puntos fijos pero hay una recta invariante r que se calcula mediante la ecuación $(M - I)^2 X + (M - I)C = 0$:

$r \equiv \{x = 1/2, z = (1 + \sqrt{2})/2\}$ (**eje de giro**).

$\operatorname{traza}(\bar{f}) = -1 = 1 + 2\cos\alpha \Rightarrow \alpha = \pi$.

Para $P = (1/2, 0, (1 + \sqrt{2})/2) \in r$,

$v = \overrightarrow{Pf(P)} = (0, 1, 0) \in V_1 = L(0, 1, 0)$ (**vector de traslación**).

Por tanto, f **es un movimiento helicoidal** que se compone de **un giro de eje r y ángulo π, y una traslación de vector v (en la dirección del eje de giro)**. A este tipo particular de movimiento helicoidal con ángulo de giro π, también se le suele llamar **simetría axial deslizante**.]

3.21

$$\begin{pmatrix} x' \\ y' \\ z' \end{pmatrix} = \begin{pmatrix} 1 \\ \sqrt{2}/\sqrt{3} \\ -1/\sqrt{3} \end{pmatrix} + \begin{pmatrix} 0 & \sqrt{2}/\sqrt{3} & 1/\sqrt{3} \\ -\sqrt{2}/\sqrt{3} & 1/3 & -\sqrt{2}/3 \\ 1/\sqrt{3} & \sqrt{2}/3 & -2/3 \end{pmatrix} \begin{pmatrix} x \\ y \\ z \end{pmatrix}$$

[**Solución:** $\operatorname{rg}(M-I) = 3 \Longrightarrow$ Hay un **único punto fijo** P que se calcula mediante la ecuación $(M-I)X = -C$:

$P = (1,0,0)$.

$\dim V_1 = 0$ y $\overline{f} \neq -Id \Rightarrow \dim V_{-1} = 1$ y f es una **simetría con rotación.**

El **eje de rotación** es $P + V_{-1} = (1,0,0) + L(1,0,-\sqrt{3})$.

El **plano de simetría** es el complemento ortogonal del eje de rotación que pasa por P:

$\{x - \sqrt{3}z = 1\} = P + V_{-1}^{\perp} = (1,0,0) + L((0,1,0), (\sqrt{3}/2, 0, 1/2))$.

El **ángulo de rotación** es α tal que $\cos\alpha = 1/3$, $\operatorname{sen}\alpha = 2\sqrt{2}/3$, con respecto a la base ortonormal $\{(0,1,0), (\sqrt{3}/2, 0, 1/2)\}$ de $V_{-1}^{\perp}$.]

3.22

$$\begin{pmatrix} x' \\ y' \\ z' \end{pmatrix} = \begin{pmatrix} 1/2 \\ \sqrt{3}/2 \\ 1 \end{pmatrix} + \begin{pmatrix} -\sqrt{3}/2 & 0 & -\sqrt{3}/2 \\ 1/2 & 0 & -\sqrt{2}/3 \\ 0 & 1 & 0 \end{pmatrix} \begin{pmatrix} x \\ y \\ z \end{pmatrix}$$

[**Solución:** $\operatorname{rg}(M-I) = 3 \Longrightarrow$ Hay un **único punto fijo** P que se calcula mediante la ecuación $(M-I)X = -C$:

$P = (0,0,1)$.

$\dim V_1 = 0$ y $\overline{f} \neq -Id \Rightarrow \dim V_{-1} = 1$ y f es una **simetría con rotación.**

El **eje de rotación** es $P + V_{-1} = (0,0,1) + L(2+\sqrt{3}, -1, 1)$.

El **plano de simetría** es el complemento ortogonal del eje de rotación que pasa por P:

$\{(2+\sqrt{3})x - y + z = 1\} = P + V_{-1}^{\perp} = (0,0,1) + L((1, 2+\sqrt{3}, 0), (-1, 2-\sqrt{3}, 4))$.

El **ángulo de rotación** es α tal que $\cos\alpha = \frac{2-\sqrt{3}}{2}$ y $\operatorname{sen}\alpha > 0$, respecto de la base ortonormal de $V_{-1}^{\perp}$ obtenida normalizando la base ortogonal $\{(1, 2+\sqrt{3}, 0), (-1, 2-\sqrt{3}, 4)\}$.]

Apéndice A

Otros tópicos

A.1. Orientación en un espacio vectorial.

Sea V un espacio vectorial real de dimensión finita n. Dos bases ordenadas de V, $\mathcal{B} = \{v_1, \ldots, v_n\}$ y $\mathcal{B}' = \{v_1', \ldots, v_n'\}$ decimos que **son de la misma orientación** si la matriz del cambio de base de $\mathcal{B}$ a $\mathcal{B}'$ tiene determinante positivo.

La relación de ser de la misma orientación es claramente una relación de equivalencia, que divide las bases ordenadas de V en dos clases de equivalencia. Elegir una de estas dos clases de equivalencia es elegir una **orientación** en V y, en este caso, diremos que V **está orientado**. Las bases ordenadas de la clase de equivalencia escogida se llamarán entonces **bases positivas** y las que no son de esa clase de equivalencia, **bases negativas**.

Se llama **orientación estándar de** $\mathbb{R}^n$ a la determinada por la base canónica $\{e_1, \ldots, e_n\}$. En lo siguiente supondremos que $\mathbb{R}^n$ está orientado con esta orientación, salvo que se diga lo contrario.

Ejemplo A.1.1. *En $\mathbb{R}^3$ con la orientación estándar, la base $\{e_3, e_1, e_2\}$ es positiva, puesto que la matriz del cambio de base de esta base a la canónica es*

$$\begin{pmatrix} 0 & 1 & 0 \\ 0 & 0 & 1 \\ 1 & 0 & 0 \end{pmatrix},$$

que tiene determinante 1.

La base $\{-e_1, e_2, e_3\}$ es negativa pues la matriz del cambio de base de esta base a la canónica es

$$\begin{pmatrix} -1 & 0 & 0 \\ 0 & 1 & 0 \\ 0 & 0 & 1 \end{pmatrix},$$

que tiene determinante -1.

Asimismo, es fácil comprobar que la base $\{-e_1, e_3, e_2\}$ *es positiva, mientras que la base* $\{e_2, e_1, e_3\}$ *es negativa.*

Si $f \colon V \to V$ es un automorfismo y $\mathcal{B}$ es una base de V, la matriz del cambio de base de $f\mathcal{B}$ a $\mathcal{B}$ es la matriz de f respecto a $\mathcal{B}$. Por tanto, $\mathcal{B}$ y $f\mathcal{B}$ son de la misma orientación si y solamente si $\det f > 0$. Vemos que el hecho de que $\mathcal{B}$ y $f\mathcal{B}$ sean de la misma orientación no depende de la base $\mathcal{B}$ escogida. Esto nos permite dar la siguiente definición.

Si $f \colon V \to V$ es un automorfismo de un espacio vectorial orientado, diremos que f **preserva la orientación** (respectivamente, f **invierte la orientación**) si para una (y por tanto para todas) base positiva $\mathcal{B}$ de V, ocurre que $f\mathcal{B}$ es una base positiva de V (respectivamente, base negativa de V). Equivalentemente, f preserva la orientación si $\det f > 0$, y la invierte si $\det f < 0$.

Ejemplo A.1.2. *Sea* $(V, \langle \ , \ \rangle)$ *es un espacio vectorial euclídeo y* $f \colon V \to V$ *una isometría. Si ponemos en* V *una orientación podemos decir que*

$$f \text{ es directa} \iff f \text{ preserva la orientación}$$
$$f \text{ es inversa} \iff f \text{ invierte la orientación}$$

A.2. Medida del ángulo

Una rotación de un espacio vectorial euclídeo V de dimensión 2 está dada, respecto de una base ortonormal $\mathcal{B} = \{e_1, e_2\}$, por una matriz de la forma:

$$M = \begin{pmatrix} \cos\alpha & -\sin\alpha \\ \sin\alpha & \cos\alpha \end{pmatrix}$$

con $\alpha \in [0, 2\pi)$. Si cambiamos $\mathcal{B}$ por otra base $\mathcal{B}'$ *con la misma orientación*, entonces la matriz que representa a la rotación respecto de la base $\mathcal{B}'$ es la misma M. En efecto, sea $P = \mathcal{M}(\mathcal{B}' \to \mathcal{B})$ que será una matriz ortogonal con determinante 1. Por tanto, tendremos:

$$P = \begin{pmatrix} \cos\phi & -\sin\phi \\ \sin\phi & \cos\phi \end{pmatrix} \quad \text{y} \quad P^{-1} = P^t = \begin{pmatrix} \cos(-\phi) & -\sin(-\phi) \\ \sin(-\phi) & \cos(-\phi) \end{pmatrix}.$$

Así pues:

$$M' = P^{-1}MP = \begin{pmatrix} \cos(-\phi + \alpha + \phi) & -\sin(-\phi + \alpha + \phi) \\ \sin(-\phi + \alpha + \phi) & \cos(-\phi + \alpha + \phi) \end{pmatrix} = M.$$

De lo anterior concluimos que fijada una orientación en V, respecto de cualquier base *positiva* $\mathcal{B}$, el ángulo $\alpha \in [0, 2\pi)$ está completamente determinado. Suele llamársele **medida del ángulo de rotación**.

Si se cambia la orientación de V, entonces la medida del ángulo de rotación cambia a $2\pi - \alpha$.

Obsérvese, en particular, que para una rotación de un espacio vectorial euclídeo de dimensión 3 alrededor de su eje V_1, la medida del ángulo de rotación queda determinada fijando una orientación del plano ortogonal a V_1.

A.3. Producto vectorial en un espacio vectorial euclídeo de dimensión 3.

Sea $(V, \langle\ ,\ \rangle)$ un espacio vectorial euclídeo de dimensión 3 y fijemos una base ortonormal de V, $\mathcal{B} = \{e_1, e_2, e_3\}$.

Denotemos por $\det_\mathcal{B}(u, v, w)$ al determinante de la matriz 3×3 cuyas filas son las componentes con respecto a la base $\mathcal{B}$ de los vectores u, v, w de V.

Lema A.3.1. *Para cada par de vectores $u, v \in V$, existe un único vector $w \in V$ que verifica que*

$$\langle w, x \rangle = \det_\mathcal{B}(u, v, x), \ \forall x \in V.$$

Demostración. Denotemos $u = (u_1, u_2, u_3)_\mathcal{B}$ y $v = (v_1, v_2, v_3)_\mathcal{B}$. Entonces, sustituyendo sucesivamente x por e_1, por e_2, y por e_3, vemos que las componentes de w han de ser:

$$\left(\begin{vmatrix} u_2 & u_3 \\ v_2 & v_3 \end{vmatrix}, -\begin{vmatrix} u_1 & u_3 \\ v_1 & v_3 \end{vmatrix}, \begin{vmatrix} u_1 & u_2 \\ v_1 & v_2 \end{vmatrix} \right)_\mathcal{B}.$$

Definición A.3.2. *Al vector w le llamamos el **producto vectorial** de u y v en la base $\mathcal{B}$, y lo denotamos por $u \wedge v$.*

Proposición A.3.3. *El producto vectorial cumple las siguientes propiedades:*

(a) $\langle u \wedge v, x \rangle = \det_\mathcal{B}(u, v, x)$;

(b) $u \wedge v = -v \wedge u$;

(c) $(\lambda u) \wedge v = \lambda(u \wedge v)$;

(d) $(u + u') \wedge v = u \wedge v + u' \wedge v$;

(e) $u \wedge v$ *es ortogonal a u y a v;*

(f) $u \wedge v = \vec{0}$ *si y solamente si u y v son linealmente dependientes.*

(g) *Si u y v son linealmente independientes, $\{u, v, u \wedge v\}$ es una base de la misma orientación que $\mathcal{B}$.*

Demostración.

(a) Es la propia definición.

(b) $\det_\mathcal{B}\{u, v, w\} = \det_\mathcal{B}\{-v, u, w\}$, $\forall w \implies \langle u \wedge v, w \rangle = \langle -v \wedge u, w \rangle$, $\forall w \implies u \wedge v = -v \wedge u$.

(c) $\det_\mathcal{B}\{(\lambda u), v, w\} = \lambda \det_\mathcal{B}\{u, v, w\}$, $\forall w \implies \langle (\lambda u) \wedge v, w \rangle = \lambda \langle (u \wedge v), w \rangle = \langle \lambda(u \wedge v), w \rangle$, $\forall w \implies (\lambda u) \wedge v = \lambda(u \wedge v)$.

(d) Análoga a la anterior.

(e) $\langle u \wedge v, u \rangle = \det_\mathcal{B}\{u, v, u\} = 0$, y asimismo $\langle u \wedge v, v \rangle = \det_\mathcal{B}\{u, v, v\} = 0$.

(f) $u \wedge v = \vec{0} \Leftrightarrow \det_\mathcal{B}\{u, v, w\} = \langle u \wedge v, w \rangle = 0 \ \forall w \Leftrightarrow u$ y v son linealmente dependientes.

(g) Supongamos u y v linealmente independientes. Por 1 tenemos, $\langle u \wedge v, u \wedge v \rangle = \det_\mathcal{B}(u, v, u \wedge v)$, y por 6, $u \wedge v \neq 0$. Luego $\det_\mathcal{B}(u, v, u \wedge v) = \langle u \wedge v, u \wedge v \rangle = \|u \wedge v\|^2 > 0$, y por tanto, $\{u, v, u \wedge v\}$ es una base de la misma orientación que $\mathcal{B}$.

$\square$

Otras propiedades

Lema A.3.4. *Para cualesquiera $u, v, w \in V$ se tiene*

$$(u \wedge v) \wedge w = \langle u, w \rangle v - \langle v, w \rangle u.$$

Demostración. Trabajaremos con coordenadas respecto de la base ortonormal $\mathcal{B}$. Sean $u = (u_1, u_2, u_3), v = (v_1, v_2, v_3)$ y $w = (w_1, w_2, w_3)$. Sabemos que $u \wedge v = (u_2 v_3 - v_2 u_3, v_1 u_3 - u_1 v_3, u_1 v_2 - v_1 u_2)$ y por tanto,

$$
\begin{aligned}
(u \wedge v) \wedge w &= ((v_1 u_3 - u_1 v_3)w_3 + (v_1 u_2 - u_1 v_2)w_2, \\
&\qquad (u_1 v_2 - v_1 u_2)w_1 + (v_2 u_3 - u_2 v_3)w_3, \\
&\qquad (u_2 v_3 - v_2 u_3)w_2 + (u_1 v_3 - v_1 u_3)w_1) \\
&= ((u_3 w_3 + u_2 w_2)v_1 - (v_3 w_3 + v_2 w_2)u_1, \\
&\qquad (u_3 w_3 + u_1 w_1)v_2 - (v_3 w_3 + v_1 w_1)u_2, \\
&\qquad (u_2 w_2 + u_1 w_1)v_3 - (v_2 w_2 + v_1 w_1)u_3) \\
&= \langle u, w \rangle v - \langle v, w \rangle u. \qquad \square
\end{aligned}
$$

Proposición A.3.5. *El producto vectorial cumple:*

(I) $(u \wedge v) \wedge w + (v \wedge w) \wedge u + (w \wedge u) \wedge v = \vec{0}$ (*Identidad de Jacobi*);

(II) $\langle u \wedge v, w \wedge x \rangle = \begin{vmatrix} \langle u, w \rangle & \langle v, w \rangle \\ \langle u, x \rangle & \langle v, x \rangle \end{vmatrix}$;

(III) $\|u \wedge v\| = \|u\| \|v\| |\operatorname{sen}(\angle(u, v))|$.

Demostración.

(I) Usando el lema anterior, tenemos, $(u \wedge v) \wedge w + (v \wedge w) \wedge u + (w \wedge u) \wedge v = (\langle u, w \rangle v - \langle v, w \rangle u) + (\langle v, u \rangle w - \langle w, u \rangle v) + (\langle w, v \rangle u - \langle u, v \rangle w) = 0$.

(II) Por la propiedad (a) de la proposición A.3.3 y el lema anterior tenemos:

$$\langle u \wedge v, w \wedge x \rangle = \langle w \wedge x, u \wedge v \rangle \stackrel{(a)}{=} \det_{\mathcal{B}}(w, x, u \wedge v) = \det_{\mathcal{B}}(u \wedge v, w, x) \stackrel{(a)}{=}$$
$$\langle (u \wedge v) \wedge w, x \rangle \stackrel{lema}{=} \langle \langle u, w \rangle v - \langle v, w \rangle u, x \rangle = \langle u, w \rangle \langle v, x \rangle - \langle v, w \rangle \langle u, x \rangle.$$

(III) Usando la propiedad anterior para $u = w, v = x$, se tiene:

$$\begin{aligned} \|u \wedge v\|^2 &= \|u\|^2 \|v\|^2 - \langle u, v \rangle^2 = \|u\|^2 \|v\|^2 - \|u\|^2 \|v\|^2 \cos^2(\angle(u, v)) \\ &= \|u\|^2 \|v\|^2 \operatorname{sen}^2(\angle(u, v)). \end{aligned}$$

$\square$

Observación A.3.6. *Si u y v son linealmente independientes, las propiedades*

(1) $u \wedge v$ es ortogonal a u y a v,

(2) $\{u, v, u \wedge v\}$ es una base de la misma orientación que $\mathcal{B}$, y

(3) $\|u \wedge v\| = \|u\| \|v\| |\operatorname{sen}(\angle(u, v))|$,

determinan completamente al vector $u \wedge v$.

Observación A.3.7. *El producto vectorial sólo depende de la clase de orientación de la base ortonormal $\mathcal{B} = \{e_1, e_2, e_3\}$. En efecto, si $\mathcal{B}' = \{u_1, u_2, u_3\}$ es otra base ortonormal de V, se tiene:*

$$\det_{\mathcal{B}} \{u, v, w\} = \det_{\mathcal{B}'} \{u, v, w\} \cdot \det_{\mathcal{B}} \{u_1, u_2, u_3\},$$

y puesto que $\mathcal{B}$ y $\mathcal{B}'$ son ortonormales, $\det_{\mathcal{B}} \{u_1, u_2, u_3\} = \pm 1$.

Por tanto, en un espacio vectorial euclídeo orientado queda determinado de forma canónica un producto vectorial: el correspondiente a cualquiera de las bases positivas.

Bibliografía

[CL] CASTELLET M., LLERENA I., *Álgebra Lineal y Geometría*, Reverté, 1991.

[C-L] COSTA A., LAFUENTE J., *Curso de Geometría Afín y Geometría Euclidiana*, Sanz y Torres, 2011.

[MS] MERINO L., SANTOS E., *Álgebra Lineal con métodos elementales*, Thomson 2006.

Índice alfabético